Viajes por el Scriptorium

Seix Barral Biblioteca Formentor

Paul Auster

Viajes por el Scriptorium

Traducción del inglés por
Benito Gómez Ibáñez

Título original: *Travels in the Scriptorium*

Seix Barral, un sello editorial de Editorial Planeta, S. A.
Avda. Diagonal, 662-664, 08034 Barcelona (España)
www.seix-barral.es
www.planetadelibros.com

Primera edición: enero de 2025
ISBN: 978-84-322-4421-6
Depósito legal: B. 21.460-2024
Composición: Realización Planeta
Impresión y encuadernación: Gómez Aparicio
Impreso en España

para Lloyd Hustvedt
(in memoriam)

El anciano está sentado al borde de la estrecha cama, las manos apoyadas en las rodillas, la cabeza gacha, mirando al suelo. No sabe que hay una cámara instalada en el techo, justo encima de él. El obturador se acciona silenciosamente cada segundo, realizando ochenta y seis mil cuatrocientas instantáneas a cada rotación de la Tierra. Aunque supiera que lo están vigilando, le daría lo mismo. Está como ausente, perdido entre los fantasmas que pueblan su imaginación mientras busca una respuesta a la pregunta que lo atormenta.

¿Quién es? ¿Qué está haciendo ahí? ¿Cuándo ha llegado y cuánto tiempo se quedará aún? Con suerte, el tiempo nos lo dirá todo. De momento, nuestro único cometido consiste en estudiar las fotos con el mayor detenimiento posible y abstenernos de extraer cualquier conclusión prematura.

En la habitación hay una serie de objetos, y cada

uno de ellos lleva pegado un trozo de cinta blanca, con una sola palabra escrita en mayúsculas. En la mesilla de noche, por ejemplo, la palabra es MESILLA. En la lámpara, la etiqueta dice LÁMPARA. Incluso en la pared, que estrictamente hablando no es un objeto, hay un trozo de cinta adhesiva donde se lee PARED. El anciano levanta un momento la vista, mira la pared, ve la etiqueta pegada en ella y, con voz queda, pronuncia la palabra *pared*. Lo que en este momento no podemos saber es si está leyendo la palabra escrita en la tira blanca o si solo se refiere a la pared propiamente dicha. Puede que se le haya olvidado leer pero sepa reconocer las cosas y llamarlas por su nombre o, a la inversa, que haya perdido la capacidad de distinguirlas pero que aún sepa leer.

Lleva un pijama azul con rayas amarillas y calza unas chancletas de cuero negras. No tiene muy claro dónde se encuentra exactamente. En la habitación, sí, pero ¿en qué edificio está? ¿Es una casa? ¿El hospital? ¿La cárcel? No recuerda cuánto tiempo lleva ahí ni la naturaleza de las circunstancias que precipitaron su traslado a ese sitio. Quizá nunca se ha movido del cuarto; a lo mejor es ahí donde ha vivido desde que nació. Lo que sí sabe es que está consumido por un implacable complejo de culpa. Y al mismo tiempo no puede evitar la sensación de ser víctima de una tremenda injusticia.

En la habitación hay una ventana, pero tiene la persiana bajada, y que él recuerde, nunca se ha asomado a ella. Lo mismo puede decir de la puerta con su blanco picaporte de porcelana. ¿Está encerrado, o es libre de entrar y salir cuando le plazca? Aún debe investigar esa cuestión; porque, según hemos visto en el primer párrafo, está como ausente, perdido en el pasado y vagando sin rumbo entre los fantasmas que desfilan por su cabeza, luchando por contestar la pregunta que lo atormenta.

Las fotografías no mienten, pero tampoco lo cuentan todo. Son simplemente un testimonio del paso del tiempo, la prueba visible. La edad del personaje, por ejemplo, es difícil de determinar a partir de las imágenes en blanco y negro, un tanto desenfocadas. El único dato que puede establecerse con cierta seguridad es que no es joven, pero la palabra *viejo* es un término aleatorio y puede aplicarse a cualquiera que esté entre los sesenta y los cien años. Prescindiremos, por tanto, del calificativo *viejo* y en lo sucesivo llamaremos Míster Blank a la persona que está en la habitación. De momento no será necesario su nombre de pila.

Míster Blank se levanta por fin de la cama, se detiene brevemente para no perder el equilibrio y, arrastrando los pies, se dirige hacia el escritorio, al otro extremo de la habitación. Se siente cansado, como si acabara de despertarse después de una noche de dormir poco y mal, y mientras las suelas de sus chancletas se deslizan por el entarimado, le viene a la cabeza como un rumor de papel de lija. A lo lejos, fuera de la habitación, más allá del edificio en que se encuentra el cuarto, oye el tenue grito de un pájaro: un cuervo, o tal vez una gaviota, no sabría decirlo.

Míster Blank se sienta despacio en el sillón del escritorio. Es una butaca muy cómoda, piensa él, de suave cuero marrón, y está provista de amplios brazos para apoyar los codos, por no mencionar el invisible mecanismo de resortes que permite mecerse de atrás hacia delante a voluntad, y eso es precisamente lo que hace nada más sentarse. El movimiento de vaivén le tranquiliza el ánimo, y mientras disfruta del agradable balanceo, se acuerda del caballito que tenía en su habitación cuando era pequeño, y entonces empieza a rememorar los viajes imaginarios que emprendía en aquel caballo, que se llamaba Whitey y que, en la imaginación del joven Míster Blank, no era un objeto de madera pintado de blanco, sino un ser viviente, un caballo de verdad.

Tras esa breve excursión a su primera infancia, una angustia irrefrenable lo atenaza de nuevo. Dice en voz alta, con aire cansino: No debo permitirlo. Luego se inclina hacia delante para examinar los montones de documentos y fotografías pulcramente colocados sobre el escritorio de caoba. Primero coge las fotos, tres docenas de retratos en blanco y negro de veinticinco por veinte de hombres y mujeres de diversas razas y edades. La primera muestra a una joven de poco más de veinte años. Lleva el pelo muy corto, y hay una vehemente e inquieta expresión en sus ojos mientras mira al objetivo. Está parada en la calle de alguna ciudad, probablemente italiana o francesa, porque da la casualidad de que se encuentra delante de una iglesia medieval, y como lleva abrigo y bufanda, cabe suponer que la instantánea se tomó en invierno. Míster Blank mira fijamente a los ojos de la joven y se esfuerza en recordar quién es. Al cabo de unos veinte minutos, musita una sola palabra: Anna. Lo inunda un sentimiento de amor incontenible. Se pregunta si no habrá estado casado con Anna, o si, tal vez, no estará contemplando el retrato de su hija. Un momento después de asimilar tales pensamientos, lo invade una nueva oleada de culpa, y entonces comprende que Anna ha muerto. Aún peor, sospecha que él ha sido el responsable de su muerte. Incluso podría ser, dice para sus adentros, que fuera él quien la mató.

Míster Blank gime de dolor. No soporta mirar las fotos, de modo que las aparta a un lado y centra su atención en los documentos. Hay cuatro montones en total, de unos quince centímetros de altura cada uno. Sin motivo aparente alguno, alarga el brazo hacia el último montón de la izquierda y coge la primera hoja. El texto escrito a mano, en mayúsculas semejantes a las que se ven en las tiras de cinta adhesiva blanca, dice lo siguiente:

Vista desde los confines del espacio exterior, la Tierra no es mayor que una mota de polvo. Recuérdalo la próxima vez que escribas la palabra *humanidad.*

Por la expresión de contrariedad que se apodera de sus rasgos mientras recorre esas frases con la vista, podemos estar casi seguros de que a Míster Blank no se le ha olvidado leer. Pero la cuestión de quién pueda ser el autor de esas frases sigue siendo una incógnita.

Míster Blank coge la siguiente hoja del montón y descubre que se trata de un texto mecanografiado. El primer párrafo dice así:

En cuanto empecé a contar mi historia, me tiraron al suelo y me dieron una patada en la cabeza. Cuando me puse en pie, uno de ellos me cruzó la cara, y a continuación otro me pegó un puñetazo en el estómago. Me derrumbé. De nuevo logré incorporarme, pero justo cuando comenzaba mi narración por tercera vez, el Coronel me arrojó contra la pared y me quedé sin sentido.

La página contiene otros dos párrafos, pero antes de que Míster Blank pueda empezar a leer el segundo, suena el teléfono. Es un aparato negro, de disco, un modelo de finales de los cuarenta o principios de los cincuenta del siglo pasado, y como está sobre la mesilla de noche, se ve obligado a levantarse del mullido sillón de cuero y dirigirse arrastrando los pies al otro extremo de la habitación. Coge el teléfono al cuarto tono.

Diga, dice Míster Blank.

¿Míster Blank?, pregunta la voz al otro lado de la línea.

Si usted lo dice...

¿Está seguro? No puedo correr riesgos.

Yo no estoy seguro de nada. Si usted quiere llamarme Míster Blank, con mucho gusto atenderé a ese nombre. ¿Con quién hablo?

Con James.

No conozco a ningún James.

James P. Flood.

Refrésqueme la memoria.

Ayer le hice una visita. Estuvimos dos horas juntos.

Ah. El policía.

Expolicía.

Eso. El expolicía. ¿En qué puedo servirlo?

Quisiera verlo otra vez.

¿Es que no tiene bastante con la conversación de ayer?

En realidad, no. Ya sé que solo soy un personaje secundario en este asunto, pero me han dado autorización para entrevistarme dos veces con usted.

Me está diciendo que no me queda otro remedio.

Eso me temo. Pero no tenemos que hablar en su habitación si no quiere. Podemos salir y sentarnos en el parque, si lo prefiere.

No tengo nada que ponerme. Ahora estoy en pijama y zapatillas.

Eche una mirada al armario. Ahí tiene toda la ropa que necesita.

Ah. El armario. Gracias.

¿Ha desayunado ya, Míster Blank?

Creo que no. ¿Es que puedo comer?

Tres veces al día. Aún es algo temprano, pero Anna no tardará mucho en llegar.

¿Anna? ¿Ha dicho Anna?

Es la persona que se ocupa de usted.

Creí que estaba muerta.

De ningún modo.

A lo mejor es otra Anna.

Lo dudo. De todas las personas implicadas en este asunto, ella es la única que está totalmente de su parte.

¿Y las otras?

Digamos que hay mucho resentimiento, dejémoslo así.

Cabe observar que además de la cámara hay un micrófono oculto en una pared, y hasta el último sonido que produzca Míster Blank quedará grabado y archivado en un magnetófono digital de gran sensibilidad. El menor gemido o sorbo de la nariz, la tos más nimia o cualquier imperceptible flatulencia que surja de su organismo también será, por tanto, parte integrante de nuestro relato. Ni que decir tiene que esa información auditiva incluye asimismo las palabras que de diversa manera articula, murmura o grita Míster Blank, como, por ejemplo, la llamada telefónica de James P. Flood que acabamos de describir. La conversación concluye con Míster Blank cediendo de mala gana ante la solicitud del expolicía de hacerle una visita aquella misma mañana. Cuando cuelga el teléfono, se sienta al borde de la cama, adoptando una postura idéntica a la descrita en la primera frase del presente informe: manos apoyadas en las rodillas, cabeza gacha mirando al suelo. Considera si debe levantarse y empezar a buscar el armario que ha mencionado Flood, y en caso de que lo encuentre, si tendrá que quitarse el pijama y ponerse ropa de vestir; suponiendo que haya ropa en el armario, y si es que existe efectivamente tal armario. Pero Míster Blank no tiene prisa por acometer esas tareas mundanas. Quiere volver al texto mecanografiado que estaba leyendo antes de que le interrumpiera el teléfono. De manera que se levanta de la cama y da un paso vacilante hacia el otro extremo de la habitación, sintiendo entonces un súbito desfallecimiento. Se da cuenta de que se derrumbará si continúa más tiempo de pie, pero en lugar de volver a sentarse en la cama hasta que se le pase el mareo, extiende la mano hacia la pared, apoya todo su peso en ella y va dejándose caer poco a poco. Ya de rodillas, Míster Blank se echa hacia delante y planta las palmas de las manos en el suelo. Mareado o no, tal es su determinación de llegar al escritorio que empieza a arrastrarse hacia él.

Cuando logra subirse al sillón de cuero, se balancea unos momentos hasta que se le calman los nervios. A pesar de todos sus esfuerzos, comprende que le da pánico seguir leyendo el texto mecanografiado. No se explica por qué se ha apoderado de él ese súbito terror. Solo son palabras, se dice a sí mismo, y ¿desde cuándo tienen las palabras la facultad de dejar a un hombre medio muerto de miedo? No puede ser, murmura en voz queda, apenas audible. Luego, para tranquilizarse, repite la misma frase, gritando a pleno pulmón: ¡NO PUEDE SER!

Inexplicablemente, esa descarga de sonido le infunde valor para seguir leyendo. Respira hondo, fija la mirada en las palabras que tiene delante y lee los dos párrafos siguientes:

Desde entonces me tienen en este recinto. Por lo que puedo deducir, no es una celda corriente, y no parece formar parte de la prisión militar ni del centro de detención territorial. Se trata de una estancia pequeña, sin muebles, que medirá unos cuatro metros de ancho por cinco de largo (suelo de tierra, paredes de piedra), y es posible que en otro tiempo sirviera de almacén para guardar víveres, quizá sacos de trigo y harina. Hay una sola ventana con barrotes en la pared de la izquierda, pero está muy alta y no la alcanzo con las manos. Duermo sobre una esterilla, en un rincón, y me dan dos comidas al día: gachas frías por la mañana, sopa tibia y pan duro por la noche. Según mis cálculos, llevo aquí cuarenta y siete noches. Esta cifra, sin embargo, puede ser errónea. Mis primeros días en la celda estuvieron salpicados de numerosas palizas, y como soy incapaz de recordar cuántas veces perdí el sentido —ni el tiempo que duraban los periodos de inconsciencia cuando me desmayaba—, es posible que en cierto momento perdiera la cuenta y algún día dejara de fijarme en cuándo salía o se ponía el sol.

El desierto empieza justo debajo de mi ventana. Siempre que viene el viento del oeste, me llega un olor a salvia y enebro, las únicas plantas que crecen en esa yerma extensión. He vivido solo en esos parajes cerca de cuatro meses, vagando libremente de un lado a otro, durmiendo a la intemperie con toda clase de tiempo, y encontrarme entre los angostos confines de este recinto nada más volver de los espacios abiertos de esa región no ha sido fácil para mí. Puedo soportar la obligada soledad, la ausencia de conversación y contacto humano, pero ansío estar de nuevo al aire libre, sentir la luz, y paso los días consumiéndome por ver algo aparte de estos ásperos muros de piedra. De vez en cuando pasan soldados bajo mi ventana. Oigo cómo cruje la tierra bajo sus botas, la intermitente andanada de sus voces, el traqueteo de carros y caballos en el calor del día inalcanzable. Es la guarnición de Ultima: el extremo occidental de la Confederación, un lugar que está al borde del mundo conocido. Nos encontramos a tres mil kilómetros de la capital, frente a las inexploradas latitudes de los Territorios Distantes. La ley prohíbe pasar a esas regiones. Yo fui porque me lo ordenaron, y ahora he vuelto para presentar mi informe. Puede que me escuchen y puede que no, pero luego me sacarán de aquí y me fusilarán. De eso estoy completamente seguro. Lo importante es no hacerme ilusiones, no dejarme tentar por la esperanza. Cuando al fin me pongan contra la pared y me apunten con sus armas, solo les pediré que me quiten la venda de los ojos. No es que tenga el menor interés en ver la cara de los hombres que van a matarme, sino que deseo contemplar de nuevo el cielo. Eso es todo lo que quiero ahora. Encontrarme al aire libre, alzar la cabeza hacia el inmenso cielo azul y acabar con la mirada perdida en el infinito.

Míster Blank deja de leer. El miedo da paso a la confusión, y aunque ha comprendido hasta la última palabra de lo que lleva leído, no sabe cómo interpretarlo. ¿Se trata efectivamente de un informe, se pregunta, y qué es ese sitio llamado Confederación, con su guarnición de Ultima y sus misteriosos Territorios Distantes? ¿Y por qué le da la impresión de que se trata de un texto escrito en el siglo XIX? Míster Blank es muy consciente de que la cabeza no le funciona muy bien, de que ignora completamente dónde se encuentra y por qué lo han llevado allí, pero casi con toda seguridad sabe que el momento actual puede situarse a comienzos del siglo XXI y que vive en un país llamado Estados Unidos de América. Ese último pensamiento le trae a la memoria la ventana o, para ser más precisos, la persiana, sobre la que han pegado un trozo de cinta blanca con la palabra PERSIANA. Afirmando las plantas de los pies en el suelo y apoyándose con los codos en los brazos del sillón de cuero, da un giro a la derecha de entre noventa y cien grados para situarse frente a la persiana; porque la butaca no solo está dotada de la capacidad de balancearse hacia atrás y hacia delante, sino que también puede moverse en círculo. Ese descubrimiento le resulta tan agradable que olvida por un instante por qué quería mirar la persiana, regocijándose en cambio en esa característica del sillón, hasta ahora desconocida.

Lo hace girar una vez, luego dos, después tres, y entonces recuerda que de niño iba a la peluquería y Rocco, el peluquero, antes y después de cortarle el pelo, le daba unas vueltas en el sillón exactamente como él hace ahora. Afortunadamente, cuando Míster Blank queda de nuevo inmóvil, el sillón acaba más o menos en la misma posición que antes de empezar a moverse, lo que significa que está otra vez frente a la persiana, y una vez más, después de aquel placentero interludio, se pregunta si no debería acercarse, levantarla y echar una mirada al exterior para ver dónde está. A lo mejor se lo han llevado de Estados Unidos, dice para sus adentros, y se encuentra en otro país, secuestrado en plena noche por agentes secretos al servicio de una potencia extranjera.

Con la triple rotación en la butaca se ha quedado, sin embargo, algo mareado, por lo que vacila en moverse del sitio, temiendo la repetición del episodio que hace unos minutos lo ha obligado a cruzar la habitación a gatas. Lo que en ese momento aún no sabe es que, además de ofrecer la posibilidad de mecerse de atrás hacia delante y girar en círculo, el sillón también está provisto de cuatro pequeñas ruedas, por medio de las cuales puede desplazarse por el cuarto y llegar a la ventana sin necesidad de levantarse del asiento. Al desconocer que tiene a su alcance otros medios de propulsión aparte de sus piernas, Míster

Blank se queda donde está, sentado en la butaca de espaldas al escritorio, con la vista fija en la persiana, blanca en otro tiempo pero amarillenta ahora, intentando recordar su conversación de la tarde anterior con James P. Flood, el antiguo policía. Busca una imagen en su memoria, un indicio que le descubra el aspecto de ese hombre, pero en vez de evocar una clara representación visual, su mente se inunda de una paralizante sensación de culpa. Sin embargo, antes de que ese nuevo acceso de tormento y horror se convierta en verdadero pánico, llaman a la puerta y, acto seguido, Míster Blank oye el ruido de una llave girando en la cerradura. ¿Significa eso que está encerrado en la habitación, sin poder salir salvo por la gentileza y benevolencia de otras personas? No necesariamente. Puede que Míster Blank haya cerrado la puerta por dentro y que ahora quien desee entrar en la habitación tenga que utilizar la llave, evitándole así la molestia de tener que levantarse y abrir personalmente.

En cualquier caso, ahora se abre la puerta y entra una mujer menuda de edad indeterminada; entre los cuarenta y cinco y los sesenta años, piensa Míster Blank, aunque es difícil saberlo con seguridad. Tiene el pelo entrecano y lo lleva corto, viste pantalones azul oscuro y blusa de algodón de un azul más claro, y lo primero que hace al entrar es sonreír a Míster

Blank. La sonrisa, que parece combinar ternura y afecto, destierra sus miedos y le infunde un estado de calma y serenidad. No sabe quién es, pero de todos modos se alegra mucho de verla.

¿Ha dormido bien?, pregunta la mujer.

Pues no sé, contesta Míster Blank. Si quiere que le diga la verdad, no recuerdo si he dormido o no.

Eso está bien. Significa que el tratamiento da resultado.

En lugar de hacer algún comentario sobre esa enigmática afirmación, Míster Blank estudia en silencio a la mujer durante unos momentos, luego pregunta:

Disculpe mi torpeza, pero por casualidad no se llamará usted Anna, ¿verdad?

Una vez más, la mujer le dirige una sonrisa tierna y afectuosa.

Me alegro de que se haya acordado. Ayer no era capaz de recordarlo.

Súbitamente perplejo y nervioso, Míster Blank da media vuelta en el sillón, se coloca frente al escritorio y saca el retrato de la joven de entre el montón de fotografías en blanco y negro. Antes de que pueda volverse de nuevo para mirar a la mujer que atiende al nombre de Anna, se la encuentra a su lado con la mano suavemente posada en su hombro derecho, contemplando a su vez la fotografía.

Si usted se llama Anna, dice Míster Blank, con la voz trémula de emoción, entonces ¿quién es esta? También es Anna, ¿verdad?

Sí, contesta la mujer, examinando atentamente el retrato, como si recordara algo con sentimientos encontrados de repulsión y nostalgia. Esta es Anna. Y yo también soy Anna. Esa es una foto mía.

Pero..., tartamudea Míster Blank, pero la chica de la foto es joven. Y usted..., usted tiene el pelo cano.

El tiempo, Míster Blank, responde Anna. Comprende usted el significado del tiempo, ¿no es así? Esa soy yo, hace treinta y cinco años.

Antes de que Míster Blank tenga ocasión de contestar, Anna vuelve a poner el retrato de cuando era joven entre el montón de fotografías.

Se le está enfriando el desayuno, le advierte, y sin decir una palabra más sale de la habitación, pero solo para volver un momento después, trayendo un carrito de acero inoxidable con una bandeja de comida que coloca al lado de la cama.

El desayuno consiste en un zumo de naranja, una tostada con mantequilla, dos huevos escalfados en un pequeño tazón blanco y una tetera con té Earl Grey. A su debido tiempo, Anna ayudará a Míster Blank a levantarse del sillón y lo conducirá hacia la cama, pero antes le da un vaso de agua y tres pastillas: una verde, otra blanca y otra morada.

¿Qué es lo que me pasa?, pregunta Míster Blank. ¿Estoy enfermo?

No, en absoluto, contesta Anna. Las pastillas forman parte del tratamiento.

Me parece que no estoy enfermo. Un poco cansado y aturdido, quizá, pero aparte de eso no me siento mal. Teniendo en cuenta mi edad, me encuentro bastante bien.

Tómese las pastillas, Míster Blank. Luego podrá desayunar. Seguro que tiene mucha hambre.

Pero no quiero las pastillas, contesta él, resistiéndose tenazmente. Si no estoy enfermo, no voy a tragarme esas asquerosas pastillas.

En vez de replicarle bruscamente después de su grosera y áspera contestación, Anna se agacha y lo besa en la frente.

Querido Míster Blank, le dice. Sé cómo se siente, pero ha prometido tomarse las pastillas todos los días. En eso quedamos. Si no se las toma, el tratamiento no servirá de nada.

¿Que lo he prometido?, protesta el anciano. ¿Y cómo sé que es verdad?

Porque se lo digo yo, Anna, y yo nunca le mentiría. Le tengo demasiado cariño para andarme con embustes.

La mención de la palabra *cariño* ablanda la intransigencia de Míster Blank, y en un impulso decide volverse atrás.

Está bien, accede. Me tomaré las pastillas. Pero solo si me da otro beso. ¿De acuerdo? Y esta vez ha de ser un beso de verdad. En la boca.

Anna sonríe, se inclina de nuevo y le da un beso en los labios. Como la presión dura sus buenos tres segundos, puede considerarse que es algo más que un simple ósculo, y aunque no ha habido lengua de por medio, ese íntimo contacto hace que Míster Blank sienta que un hormigueo de excitación le corre por todo el cuerpo. Cuando Anna se incorpora, ya ha empezado a tomarse las pastillas.

Ahora están sentados uno junto a otro al borde de la cama. Tienen delante el carrito del desayuno, y mientras Míster Blank se bebe el zumo de naranja, da un bocado a la tostada y toma un primer sorbo de té, Anna le pasa suavemente la mano izquierda por la espalda, tarareando una canción que él no consigue identificar pese a estar seguro de que la conoce, o de que en otro tiempo le resultaba familiar. Luego empieza a atacar los huevos escalfados, rasgando una de las yemas con la punta de la cuchara y recogiendo una pequeña porción de clara y yema en la parte honda del cubierto, pero al tratar de llevársela a la boca, se queda perplejo al descubrir que le tiembla la mano. No se trata de un ligero estremecimiento, sino de un marcado y convulsivo tembleque que es incapaz de controlar. Cuando la cuchara se ha alejado quince centímetros del tazón, los espasmos son tan pronunciados que se le ha caído la mayor parte de la mezcla blanca y amarilla, salpicando la bandeja.

¿Quiere que le dé de comer?, pregunta Anna.

Pero ¿qué me pasa?

No es nada, no se preocupe, le dice ella, dándole unas palmaditas en la espalda para tranquilizarlo. Una reacción natural a las pastillas. Se le pasará dentro de un momento.

Vaya tratamiento que me han preparado ustedes, murmura Míster Blank en tono sombrío, compadeciéndose de sí mismo.

Es por su bien, le asegura Anna. Y no va a durar toda la vida. Créame.

De modo que Míster Blank deja que Anna le dé de comer, y mientras ella se dedica pacientemente a darle a cucharaditas los huevos escalfados, a llevarle a los labios la taza de té y a limpiarle la boca con una servilleta de papel, el anciano empieza a pensar que Anna no es una mujer sino un ángel, o, si se prefiere, un ángel en forma de mujer.

¿Por qué es usted tan amable conmigo?, le pregunta.

Porque le quiero, contesta Anna. Así de sencillo.

Ahora que se ha terminado el desayuno, llega el momento de las excreciones y abluciones, y de ponerse la ropa después. Anna aparta el carrito de la cama y extiende la mano hacia Míster Blank para ayudarlo a levantarse. Lleno de asombro, el anciano se encuentra frente a una puerta que hasta ahora le ha pasado inadvertida, y en cuyo panel hay otra tira de cinta adhesiva blanca, marcada con la palabra BAÑO. Se pregunta cómo no la ha visto antes, ya que solo está a unos pasos de la cama, pero, como bien sabe el lector, Míster Blank se pasa la mayor parte del tiempo con la cabeza en otra parte, perdido en un nebuloso territorio de seres fantasmales y recuerdos fragmentarios mientras busca una respuesta a la pregunta que lo atormenta.

¿Tiene que ir?, pregunta Anna.

¿Ir?, contesta él. ¿Adónde?

Al cuarto de baño. ¿Necesita ir al retrete?

Ah. El retrete. Sí. Ahora que lo menciona, creo que sería buena idea.

¿Quiere que lo ayude, o puede arreglárselas solo?

No estoy seguro. Déjeme probar, a ver qué pasa.

Anna gira el pomo de porcelana blanco y la puerta se abre. Cuando Míster Blank, arrastrando los pies, entra en la pequeña estancia blanca, sin ventanas, con suelo de baldosas negras y blancas, Anna cierra la puerta tras él y, durante unos momentos, el anciano permanece allí parado, mirando la inmaculada taza del retrete al fondo, sintiendo de pronto que le falta algo, suspirando por estar de nuevo con aquella mujer. Finalmente, murmura para sí: Domínate, viejo. Te estás portando como un crío. Sin embargo, mientras se dirige lentamente al retrete y empieza a bajarse los pantalones del pijama, siente unas ansias incontenibles de echarse a llorar.

Los pantalones se le caen a los tobillos; se sienta en la taza del retrete; su vejiga y sus intestinos se preparan para evacuar los líquidos y sólidos acumulados. Del pene le fluye orina, del ano se le desliza primero una deposición y luego otra, y le sienta tan bien relajarse de esa manera que se olvida de la tristeza que lo ha invadido momentos antes. Claro que puede arreglárselas solo, dice para sus adentros. Lleva haciéndolo desde que era un crío, y en lo que se refiere a mear y cagar, es tan capaz como cualquier otra persona en el mundo. Y no solo eso, sino que también es un experto en limpiarse el culo.

Dejemos que Míster Blank tenga su pequeño momento de orgullo, porque a pesar de que haya logrado llevar a buen término la primera parte de la operación, la segunda no le sale tan bien. Experimenta cierta dificultad para levantarse del asiento y tirar de la cadena, pero cuando lo consigue, se da cuenta de que, como tiene los pantalones del pijama en torno a los tobillos, para ponérselos debe, o bien agacharse, o bien ponerse en cuclillas y cogerlos por la cintura con ambas manos. Ninguno de esos dos ejercicios le parece hoy especialmente agradable, pero el que en cierto modo le da más miedo es el de agacharse, porque sabe que al bajar la cabeza puede perder el equilibrio, y si efectivamente llega a perderlo, teme caerse al suelo y romperse la crisma contra las baldosas negras y blancas. Por tanto concluye que ponerse en cuclillas constituye el mal menor, aunque está lejos de confiar en que sus rodillas soporten la tensión a que van a verse sometidas. Nunca sabremos si aguantarán o no. Alertada por el sonido de la cisterna, Anna, suponiendo sin duda que Míster Blank ha concluido sus quehaceres, abre la puerta y entra en el cuarto de baño.

Cabría pensar que a Míster Blank le daría apuro encontrarse en situación tan comprometida (allí de pie, con los pantalones bajados, el pene fláccido, colgando entre sus escuálidas piernas), pero no es así. Delante de Anna, Míster Blank no adopta una actitud de falsa modestia. En todo caso, se alegra mucho de que vea todo lo que hay que ver, y en vez de ponerse apresuradamente en cuclillas para luego incorporarse con los pantalones puestos, empieza a desabrocharse los botones de la chaqueta del pijama con idea de quitársela también.

Me gustaría lavarme ahora, dice.

¿Quiere meterse en la bañera, pregunta ella, o solo que le pase la esponja?

Lo mismo da. Decida usted.

Anna mira su reloj y dice:

Solo pasarle la esponja, supongo. Se me está haciendo un poco tarde, y todavía tengo que vestirlo y hacer la cama.

Para entonces, Míster Blank se ha quitado la chaqueta y los pantalones del pijama, así como las chancletas. Impertérrita ante la visión del cuerpo desnudo del anciano, Anna se acerca a la taza del retrete y baja la tapa, sobre la que da un par de palmaditas como invitando a sentarse a Míster Blank. Así lo hace el anciano, y Anna se sienta junto a él en el borde de la bañera, abre el agua caliente y pone bajo el grifo una manopla blanca para que se empape.

En cuanto Anna le empieza a pasar el paño caliente y húmedo por el cuerpo, Míster Blank cae en un trance de lánguida sumisión, deleitándose al sentir las suaves manos sobre su piel. Ella empieza por arriba y va bajando despacio, lavándole las orejas por dentro y por fuera, el cuello por delante y por detrás, haciendo que se vuelva un poco sobre el asiento con objeto de pasarle la manopla por la espalda en sentido longitudinal, y luego otra vez en dirección contraria para repetir la misma operación por el pecho, deteniéndose cada quince segundos o así a fin de poner la manopla bajo el grifo, añadiéndole jabón unas veces y escurriéndola otras, en función de si va a lavarle una parte concreta del cuerpo o a quitarle espuma de una zona que acaba de enjabonar. Míster Blank cierra los ojos, la cabeza súbitamente vacía de los terrores y seres espectrales que lo han atormentado desde el primer párrafo del presente informe. Para cuando la manopla desciende sobre su vientre, el pene le ha empezado a cambiar de forma, creciendo en tamaño y grosor y poniéndose parcialmente erecto, y Míster Blank se maravilla de que incluso a su avanzada edad el miembro siga manteniendo el comportamiento de siempre, manifestando la misma disposición desde su ya remota adolescencia. Desde entonces han cambiado mucho las cosas, pero eso no, desde luego que no, y ahora que Anna ha puesto la manopla en contacto directo con esa parte de su cuerpo, lo siente endurecerse y llegar a su máxima extensión, y mientras ella sigue frotando y pasándole el paño empapado de agua jabonosa, apenas puede contenerse para no dar un grito y suplicarle que termine de una vez la faena.

Hoy estamos un poco retozones, Míster Blank, observa Anna.

Eso me temo, murmura él con los ojos aún cerrados. No puedo evitarlo.

Cualquiera que estuviese en su lugar se sentiría muy orgulloso. No todos los hombres de su edad siguen..., siguen siendo capaces de esto.

El caso es que no tiene nada que ver conmigo. Ese aparato parece que tiene vida propia.

De pronto, la manopla se traslada a su pierna derecha. Antes de que Míster Blank pueda acusar su decepción, siente que la mano de Anna empieza a deslizarse a lo largo de su pene, en plena erección y bien lubricado. Ella continúa pasándole el paño con la mano derecha, pero emplea la izquierda en esa otra tarea, y en el mismo momento en que sucumbe a los expertos cuidados de esa mano izquierda, Míster Blank se pregunta lo que ha hecho para merecer tan generosa atención.

Jadea cuando le brota el semen con fuerza, y solo entonces, una vez concluido el acto, abre los ojos y se vuelve hacia Anna. Ya no está sentada al borde de la bañera, sino arrodillada en el suelo frente a él, limpiando la eyaculación con la manopla. Tiene la cabeza inclinada, por lo que no puede verle los ojos, pero de todos modos se echa hacia delante y le acaricia la mejilla izquierda con la mano derecha. Anna levanta entonces la cabeza, y cuando sus miradas se encuentran ella le dirige otra de sus tiernas y afectuosas sonrisas.

Eres muy buena conmigo, le dice.

Quiero que sea feliz, contesta ella. Está pasando una mala época, y si puede procurarse algún momento de placer entre todo esto, me alegro de poder ayudarlo.

Yo te he hecho algo horrible. No sé de qué se trata, pero es algo horroroso..., incalificable..., que no tiene perdón. Y ahí estás, cuidando de mí como una santa.

No fue culpa suya. Usted hizo lo que tenía que hacer, y no puedo reprochárselo.

Pero lo pasaste mal. Te hice sufrir, ¿verdad?

Sí, mucho. Casi no sobreviví.

¿Qué es lo que hice?

Me envió a un lugar lleno de peligros, donde reinaba la desesperación, un sitio de muerte y destrucción.

¿De qué se trataba? ¿Una especie de misión?

Creo que podría llamársele así.

Eras joven entonces, ¿verdad? La chica de la foto.

Sí.

Qué guapa eras, Anna. Ahora tienes ya cierta edad, pero me sigues pareciendo preciosa. Casi perfecta, no sé cómo decirte.

No es preciso exagerar, Míster Blank.

No exagero. Si me dijeran que tengo que estar mirándote las veinticuatro horas del día durante el resto de mi vida, no pondría objeción alguna.

Una vez más, Anna sonríe, y otra vez le acaricia Míster Blank la mejilla izquierda con la mano derecha.

¿Cuánto tiempo estuviste en ese sitio?, le pregunta.

Unos años. Mucho más de lo que esperaba.

Pero lograste salir de allí.

Con el tiempo, sí.

Me siento muy avergonzado.

No tiene por qué. El caso es, Míster Blank, que sin usted yo no sería nadie.

Pero aun así...

Nada de peros. Usted no es como los demás. Ha sacrificado su vida por una causa importante, y sea lo que sea lo que haya hecho o dejado de hacer, no habrá sido por motivos egoístas.

¿Has estado enamorada alguna vez, Anna?

Varias veces.

¿Estás casada?

Lo estuve.

¿Ya no?

Mi marido murió hace tres años.

¿Cómo se llamaba?

David. David Zimmer.

¿Qué pasó?

Padecía del corazón.

También soy yo el causante de eso, ¿verdad?

En realidad, no... Solo indirectamente.

Lo lamento mucho.

No lo sienta. Para empezar, de no haber sido por usted no habría conocido a David. Créame, Míster Blank, no es culpa suya. Usted hace lo que tiene que hacer, y luego ocurren cosas. Buenas y malas, indistintamente. Así es como tiene que ser. Nosotros podremos ser los que sufren, pero siempre habrá un motivo, una buena razón, y el que se queje es que no entiende lo que significa estar vivo.

Cabe observar que hay otra cámara y otro magnetófono instalados en el techo del cuarto de baño, lo que posibilita la grabación de todo lo que ocurra en ese espacio, y como la palabra *todo* es un término absoluto, la transcripción del diálogo entre Anna y Míster Blank puede comprobarse hasta el último detalle.

El lavado con la manopla dura varios minutos más, y cuando Anna ha terminado de enjabonar y aclarar las restantes zonas del cuerpo de Míster Blank (piernas, por delante y por detrás; pies, tobillos y dedos; brazos, manos y dedos; escroto, nalgas y ano), se levanta, coge un albornoz negro de una percha en la puerta y ayuda a Míster Blank a ponérselo. Luego recoge el pijama azul con rayas amarillas y vuelve a la habitación, asegurándose de que deja la puerta abierta. Mientras Míster Blank se queda de pie frente al pequeño espejo del lavabo afeitándose con una máquina eléctrica que funciona con pilas (por razones evidentes, las tradicionales navajas de afeitar están prohibidas), Anna dobla el pijama, hace la cama y abre el armario para elegir la ropa que Míster Blank tendrá que ponerse ese día. Se mueve con rapidez y precisión, como intentando recuperar el tiempo perdido. Lleva a término esas tareas a tal velocidad que cuando Míster Blank acaba de afeitarse, su ropa ya está dispuesta sobre la cama. Sin haber olvidado su conversación con James P. Flood y la referencia a la palabra *armario*, el anciano albergaba la esperanza de sorprender a Anna en el momento de abrir la puerta del ropero, si es que había alguno, para saber dónde estaba situado. Ahora, mientras recorre la habitación con los ojos, no ve señales del armario, con lo que queda sin resolver otro misterio.

Naturalmente, podría preguntar por él a Anna, pero en cuanto la ve, sentada en la cama y sonriéndole, se emociona tanto al encontrarse otra vez en su presencia que la cuestión se le va de la cabeza.

Ya empiezo a acordarme de ti, anuncia. No de todo, solo de momentos fugaces, retazos aislados. Yo era muy joven la primera vez que te vi, ¿verdad?

Unos veintiún años, calculo, confirma Anna.

Pero te perdía continuamente de vista. Estabas conmigo una temporada, y luego te esfumabas. Pasaba un año, dos, cuatro años, y entonces volvías a aparecer de pronto.

Usted no sabía qué hacer conmigo, por eso era. Tardó mucho en decidirse.

Y entonces te envié a tu..., tu misión. Recuerdo

que tenía miedo por ti. Pero en aquellos tiempos eras una verdadera luchadora, ¿no es cierto?

Una chica fuerte y combativa, Míster Blank.

Exactamente. Y eso es lo que me daba esperanza. Si no hubieras sido una persona de recursos, no lo habrías conseguido.

Deje que lo ayude a vestirse, le interrumpe Anna, echando una mirada al reloj. El tiempo sigue su marcha.

La palabra *marcha* induce a Míster Blank a pensar en sus anteriores mareos y problemas para caminar, pero ahora, mientras recorre la corta distancia que separa el baño de la cama, se siente más seguro al comprobar que tiene la cabeza despejada y no corre peligro de caerse al suelo. Sin nada en que sustentar la hipótesis, atribuye esa mejora a la bondadosa Anna, al mero hecho de que desde hace veinte o treinta minutos está a su lado, irradiando el cariño que tan desesperadamente ansía.

Resulta que la ropa es toda blanca: pantalones de algodón, camisa con botones en el cuello, calzoncillos, calcetines de nailon y zapatillas de deporte. Todo blanco.

Extraña elección, observa Míster Blank. Me voy a parecer al simpático heladero.*

* Alusión a *The Good Humor Man*, película dirigida por Lloyd Bacon en 1950 cuyo protagonista es un risueño vendedor de helados vestido de blanco. *(N. del t.)*

Ha sido una petición especial, explica Anna. De Peter Stillman. No el padre, el hijo. Peter Stillman, hijo.

¿Quién es ese?

¿No se acuerda?

Me temo que no.

Es otro de sus agentes. Cuando le encargó su misión, tuvo que vestirse todo de blanco.

¿A cuántos he enviado de misión?

A centenares, Míster Blank. Ni siquiera puedo hacer un cálculo.

Bueno. Sigamos con lo nuestro. Supongo que da lo mismo.

Sin más, se desata el cinturón y deja que el albornoz caiga al suelo. Una vez más, está desnudo delante de Anna, sin sentir el más leve asomo de vergüenza o modestia. Agachando la cabeza y señalándose el pene, dice:

Fíjate lo pequeño que está. Don Importante ya no tiene tantas ínfulas, ¿eh?

Anna sonríe y luego da unas palmaditas sobre la cama, indicándole que se siente a su lado. Al sentarse, Míster Blank se encuentra transportado una vez más a su primera infancia, a la época de Whitey, el caballito de madera, y a sus largos viajes con él por los desiertos y las montañas del Lejano Oeste. Piensa en su madre y en cómo lo vestía, casi de la misma manera, en su habitación del piso de arriba, con el sol matinal entrando por las rendijas de las persianas, y entonces, dándose cuenta de que su madre está muerta, de que probablemente ha fallecido hace mucho, se pregunta si en cierto modo, a pesar de que ya sea un anciano, Anna no se habrá convertido en una nueva madre para él, pues si no, ¿por qué iba a encontrarse tan a gusto con ella, cuando suele ser tan tímido y sentir tanta vergüenza de que lo vean desnudo?

Anna baja de la cama y se coloca en cuclillas frente a Míster Blank. Empieza con los calcetines, poniéndole primero el izquierdo y luego el derecho, sigue después con los calzoncillos, subiéndoselos por las piernas, y cuando él se incorpora para que pueda pasárselos hasta la cintura, desaparece de la vista el otrora Don Importante, que sin duda resurgirá de nuevo para afirmar su dominio sobre Míster Blank antes de que pasen muchas horas.

Se sienta en la cama por segunda vez, y se repite la misma operación con los pantalones. Al sentarse por tercera vez, Anna le calza las zapatillas de deporte, primero la izquierda, luego la derecha, e inmediatamente empieza a atarle los cordones, primero en el pie izquierdo, luego en el derecho. Y después se incorpora de su posición en cuclillas y se sienta en la cama junto a él para ayudarlo con la camisa, guiándolo primero para que introduzca el brazo izquierdo por la manga izquierda, luego el derecho por la manga derecha y abrochándole por último los botones del cuello, y durante toda esa lenta y laboriosa operación, Míster Blank tiene la cabeza en otra parte, en la habitación que compartía con Whitey cuando era niño, recordando cómo lo vestía su madre con la misma cariñosa paciencia, tantísimos años antes, en los lejanos comienzos de su vida.

Anna se ha ido ya. El carrito de acero inoxidable ha desaparecido, la puerta está cerrada y Míster Blank se encuentra solo de nuevo en la habitación. Las preguntas que pensaba formularle —relativas al armario, a si la puerta está cerrada por fuera o no, al texto mecanografiado sobre la extraña Confederación— han quedado todas en el aire, con lo que Míster Blank permanece tan a oscuras sobre lo que hace en ese sitio como antes de que llegara Anna. De momento, está sentado al borde de la estrecha cama, las manos apoyadas en las rodillas, la cabeza gacha, mirando al suelo, pero pronto, en cuanto sienta la energía o la voluntad de hacerlo, se pondrá en pie y recorrerá de nuevo el trayecto que lo separa del escritorio para examinar el montón de fotografías (si puede armarse de valor para volver a mirar esas imágenes) y proseguir la lectura del texto mecanografiado sobre el hombre encerrado en la estancia de Ultima. Por ahora, sin embargo, no hace otra cosa que estar sentado en la cama y suspirar por Anna, deseando que vuelva a su lado, ansiando abrazarla y apretarla contra su pecho.

Ya se ha puesto otra vez en pie. Intenta ir hacia el escritorio arrastrando los pies, pero olvida que ya no lleva las chancletas, y la suela de goma de su zapatilla izquierda se adhiere al suelo de madera: de forma tan brusca e imprevista que Míster Blank pierde el equilibrio y a punto está de caerse. Coño, exclama, joder con las putas zapatillitas blancas. Siente el deseo de quitárselas y volverse a poner las chancletas, pero son negras, y si lo hace, entonces ya no irá todo vestido de blanco, como Anna le ha pedido de manera explícita: a solicitud de un tal Peter Stillman, hijo, quienquiera que sea ese individuo.

Míster Blank deja por tanto de caminar como solía hacer cuando llevaba las chancletas, sin levantar los pies del suelo, y se dirige al escritorio con algo que parece un paso normal. No apoyando primero el talón para luego impulsarse con la puntera, como hacen las personas jóvenes y vigorosas, sino con un movimiento lento y pesado que implica alzar un pie seis o siete centímetros, llevar la pierna correspondiente a dicho pie aproximadamente veinticinco centímetros hacia delante, y luego plantar en el entarimado la suela entera de la zapatilla, tacón y puntera a la vez. Hace una ligera pausa, y luego repite la operación con el otro pie. Puede que no sean unos andares muy elegantes, pero bastan para su propósito, y no tarda mucho en hallarse frente al escritorio.

El sillón está metido hacia dentro, lo que significa que, para sentarse, se ve obligado a sacarlo. Y entonces por fin descubre que está provisto de ruedas, porque en vez de salir a rastras, tal como espera, la butaca se desliza suavemente, sin apenas esfuerzo por su parte. Míster Blank se sienta, sorprendido de que se le haya pasado por alto ese detalle durante su primer contacto con el escritorio. Apoya los pies en el suelo, da un ligero impulso y se desplaza hacia atrás, cubriendo una distancia de metro o metro y medio. Lo considera un descubrimiento importante, pues por agradable que sea balancearse de atrás hacia delante y dar vueltas en círculo, el hecho de que el sillón pueda moverse por todo el cuarto tiene en potencia un gran valor terapéutico; por ejemplo, cuando se le cansen mucho las piernas, o cuando note que le va a dar otro de esos mareos. En tales ocasiones, en vez de tener que levantarse y echar a andar, podrá servirse del sillón para desplazarse de un sitio a otro en posición sentada, reservando así su energía para asuntos más urgentes. Se siente reconfortado por esa idea, y sin embargo, mientras vuelve lentamente con el sillón al escritorio, la aplastante sensación de culpa que en gran medida ha desaparecido durante la visita de Anna reaparece súbitamente, y cuando llega a la mesa comprende que la causa de esos pensamientos opresivos está allí mismo; no en el escritorio en cuanto tal, quizá, sino en las fotografías y documentos apilados sobre el tablero, que sin duda contienen la respuesta a la pregunta que lo atormenta. Porque de ellos emana su angustia, y aun cuando sería bastante sencillo volver a la cama y olvidarlos, se siente obligado a proseguir sus indagaciones, por tortuosas y desagradables que puedan resultar.

Baja la cabeza y se fija en un cuaderno y un bolígrafo: objetos que, si la memoria no le falla, no estaban allí la última vez que se sentó delante de la mesa. No importa, dice para sí, y sin pensarlo dos veces coge el bolígrafo con la mano derecha y abre el cuaderno por la primera página con la izquierda. Con objeto de no olvidar nada de lo que ha ocurrido durante el día hasta el momento —porque Míster Blank es bastante desmemoriado—, escribe la siguiente lista de nombres:

James P. Flood
Anna
David Zimmer
Peter Stillman, hijo
Peter Stillman, padre

Una vez realizada esa pequeña tarea, cierra el cuaderno, deja el bolígrafo y los pone a un lado. Entonces, al alargar el brazo hacia el último montón a la izquierda, descubre que las primeras hojas, quizá unas veinte o veinticinco en total, están grapadas, y cuando se las pone delante, se da cuenta además de que se trata del texto mecanografiado que estaba leyendo antes de la llegada de Anna. Supone que ha sido ella quien las ha grapado —para facilitarle las cosas— y viendo que el texto no es muy largo, se pregunta si tendrá tiempo de terminarlo antes de que James P. Flood llame a la puerta.

Vuelve al cuarto párrafo de la segunda página y empieza a leer:

En los últimos cuarenta días no me han pegado, y ni el Coronel ni ningún miembro de su Estado Mayor se han asomado por aquí. La única persona que he visto es el sargento que me trae la comida y me cambia el cubo de los excrementos. Intento comportarme con él de manera civilizada, haciendo siempre alguna pequeña observación cuando entra, pero al parecer tiene órdenes de guardar silencio, y nunca he podido sacar una sola palabra a ese gigante de uniforme marrón. Entonces, hace menos de una hora, ha ocurrido un acontecimiento extraordinario. El sargento abrió la puerta y entraron dos jóvenes soldados llevando una pequeña mesa de madera y una silla de respaldo recto. Las dejaron en el centro de la estancia, y entonces pasó el sargento y colocó un grueso montón de papel blanco sobre la mesa junto con un tintero y una pluma.

—Se le permite escribir —anunció.

—¿Es una forma de entablar conversación —le pregunté—, o me está dando una orden?

—El Coronel dice que se le permite escribir. Puede interpretarlo como le dé la gana.

—¿Y qué pasará si no quiero escribir?

—Es usted libre de hacer lo que se le antoje, pero el Coronel dice que no es probable que alguien que se encuentre en su situación desperdicie la oportunidad de defenderse por escrito.

—Supongo que piensa leer lo que escriba.

—Sería una suposición lógica, sí.

—¿Y después lo enviará a la capital?

—No me ha dado explicaciones. Solo ha dicho que se le permite escribir.

—¿De cuánto tiempo dispongo?

—No se ha mencionado esa cuestión.

—¿Y si me quedo sin papel?

—Se le proporcionará tanto papel y tinta como necesite. El Coronel insistió en que se lo dijera.

—Dé las gracias al Coronel de mi parte, y dígale que comprendo sus intenciones. Me está dando una oportunidad de mentir sobre lo sucedido para ver si puedo salvar el pellejo. Es muy considerado de su parte. Dígale, por favor, que le agradezco el gesto.

—Le transmitiré su mensaje.

—Gracias. Ahora déjeme en paz. Si el Coronel quiere que escriba, escribiré, pero para eso tengo que estar solo.

Solo eran conjeturas, desde luego. Lo cierto es que no tengo idea de cuáles son los motivos del Coronel. Me gustaría pensar que ha empezado a compadecerse de mí, pero dudo que sea tan sencillo. De Vega no es una persona proclive a la compasión, y si de pronto quiere hacerme la vida más llevadera, darme papel y pluma es desde luego una extraña manera de conseguirlo. Si le entregara un manuscrito plagado de embustes le estaría bien empleado, pero no puede esperar que vaya a cambiar mi historia a estas alturas. Ya ha intentado varias veces que me retractara, y si no lo he hecho cuando estuvieron a punto de matarme a palos, ¿por qué iba a hacerlo ahora? En realidad no es más que una medida de precaución, creo yo, una manera de curarse en salud. Demasiada gente sabe que me encuentro aquí para que él me mande ejecutar sin juicio. Además, un proceso es algo que deben evitar a toda costa; porque si el asunto llega a los tribunales, todo esto pasará a ser del dominio público. Al permitir que ponga mi historia por escrito, lo que el Coronel pretende es recopilar pruebas, evidencias irrefutables que justifiquen cualquier medida que decida tomar contra mí. Supongamos, por ejemplo, que sigue adelante y ordena fusilarme sin juicio. Una vez que el mando militar en la capital se entere de mi muerte, se verá obligado legalmente a poner en marcha una investigación oficial, pero en ese momento el Coronel solo tendrá que entregar las páginas que yo haya escrito, y quedará exonerado. Sin duda lo premiarán con una medalla por haber resuelto el problema tan hábilmente. Puede que, en realidad, ya disponga de instrucciones con respecto a mí y que ahora yo esté escribiendo porque ellos le han ordenado ponerme una pluma en la mano. En circunstancias normales, una carta tarda tres semanas en llegar de Ultima a la capital. Si llevo mes y medio aquí, entonces tal vez haya recibido hoy la respuesta. Que el traidor ponga su historia por escrito, puede que le hayan dicho, y luego tendremos vía libre para deshacernos de él como mejor convenga.

Esa es una posibilidad. Aunque, por otro lado, a lo mejor estoy exagerando mi propia importancia, y el Coronel no tiene otra intención que la de jugar conmigo. ¿Quién sabe si no ha decidido entretenerse con el espectáculo de mi sufrimiento? En un pueblo como Ultima no abundan las distracciones, y a menos que se disponga de suficientes recursos para inventárselas uno mismo, se puede perder fácilmente la cabeza de aburrimiento. Me imagino al Coronel leyendo mis palabras a su amante, incorporados los dos en la cama por la noche y riéndose de mis breves y patéticas frases. Qué divertido sería, ¿verdad? Qué pasatiempo tan agradable, qué regocijo tan perverso. Si le tengo lo bastante entretenido, quizá me deje seguir escribiendo para siempre, y poco a poco me iré convirtiendo en su bufón particular, en un payaso que le describe una y otra vez mis cómicos batacazos en inacabables raudales de tinta. Y aunque llegue un momento en que se canse de mis historias y mande fusilarme, el manuscrito siempre permanecerá, ¿no es así? Ese será su trofeo: otro cráneo que añadir a su colección.

Sin embargo, me resulta difícil reprimir la alegría que siento en estos momentos. Cualesquiera que sean los motivos del Coronel De Vega, por muchas trampas y humillaciones que me tenga reservadas, puedo afirmar sinceramente que me siento ahora más conforme conmigo mismo que en todo el tiempo que ha transcurrido desde mi detención. Estoy sentado a la mesa, escuchando el rasgueo de la pluma al deslizarse por la superficie del papel. Me detengo. Mojo la pluma en el tintero, veo cómo se van formando los negros caracteres a medida que muevo la mano de izquierda a derecha. Llego al margen y vuelvo entonces al otro lado, y cuando los trazos empiezan a difuminarse, alzo la pluma y la mojo de nuevo en el tintero. Y mientras voy bajando así por la página, cada grupo de signos forma un vocablo, cada término resuena en mi cabeza, y cada vez que escribo una palabra oigo el sonido de mi propia voz, aunque no llegue a despegar los labios.

En cuanto el sargento cerró la puerta, cogí la mesa y la llevé a la pared de la izquierda, justo debajo de la ventana. Luego volví por la silla, la puse encima de la mesa y me subí: primero a la mesa, luego a la silla. Quería ver si, agarrándome a los barrotes, podía levantarme a pulso hasta la ventana y quedarme colgado lo suficiente para echar un vistazo al exterior. Por mucho que me esforzaba, sin embargo, siempre me faltaba poco para alcanzar mi objetivo con las puntas de los dedos. No queriendo cejar en el empeño, me quité la camisa y la lancé hacia la ventana, con idea de introducirla entre los barrotes para luego cogerme bien fuerte de las mangas, y de ese modo poder izarme. Pero la camisa no era lo bastante larga, y sin una herramienta de cualquier tipo con que guiar el tejido entre los barrotes metálicos (un palo, el mango de una escoba, incluso una ramita), no conseguía más que agitar la prenda de un lado a otro, como mostrando una bandera blanca en señal de rendición.

Al final, más vale que todos esos sueños hayan

quedado atrás. Si no puedo pasarme el tiempo mirando por la ventana, entonces no tendré más remedio que concentrarme en la tarea que tengo entre manos. Lo esencial es dejar de preocuparme por el Coronel, alejar de mi mente cualquier idea que pueda recordármelo y relatar los hechos tal como los he vivido. Lo que De Vega resuelva hacer con el presente informe es estrictamente cosa suya, y nada puedo hacer yo para influir en su decisión. A lo único que puedo aspirar es a contar la historia. Dada la gravedad de los acontecimientos que he de narrar, ya me esperan bastantes dificultades.

Míster Blank se detiene un momento para descansar la vista, y pasándose los dedos por el pelo, se pregunta por el sentido de los párrafos que acaba de leer. Al pensar en el intento fallido del narrador de subirse a la mesa y mirar por la ventana, recuerda de pronto la de su propio cuarto, o, para ser más precisos, la persiana que tapa la ventana, y ahora que tiene el medio de desplazarse sin necesidad de ponerse en pie, decide que ha llegado el momento de levantarla y echar un vistazo al exterior. Si puede hacerse una idea de lo que hay alrededor, quizá le venga algún recuerdo que le ayude a explicar lo que está haciendo en ese cuarto; tal vez la simple visión de un árbol, la cornisa de un edificio o un retazo de cielo le facilitará el dato preciso para comprender su situación. Abandona temporalmente, por tanto, la lectura del texto mecanografiado para desplazarse hacia la pared donde está la ventana. Cuando llega a su destino, alarga el brazo, coge el extremo inferior de la persiana y da un rápido tirón, esperando desencadenar el mecanismo que la lanzará hacia arriba. Se trata de una persiana vieja, sin embargo, y ha perdido mucha elasticidad, por lo que en lugar de ascender y descubrir la ventana que oculta, cae varios centímetros por debajo del alféizar. Frustrado por el chapucero intento, Míster Blank tira de ella una segunda vez, con más fuerza y durante más tiempo, y así, por las buenas, la persiana decide comportarse con toda normalidad y sube de una vez, enrollándose hasta arriba de la ventana.

Cabe imaginar la decepción de Míster Blank cuando trata de mirar por la ventana y ve que los postigos están echados, impidiendo toda posibilidad de hacer un reconocimiento de su entorno y averiguar dónde se encuentra. Y no se trata de las tradicionales contraventanas de madera con listones móviles que permiten pasar un poco de luz; son paneles metálicos de uso industrial sin aberturas de ninguna clase, pintados en un apagado color gris, con zonas herrumbrosas que han empezado a corroer la superficie. Una vez más Míster Blank se recobra de la conmoción, dándose cuenta de que la situación no es tan desesperada como parece. Los postigos se cierran por dentro, y para alcanzar el pestillo con los dedos, lo único que tiene que hacer es levantar la ventana de guillotina hasta su altura máxima. Entonces, una vez quitado el pestillo, podrá abrir las contraventanas de un empujón y mirar fuera, al mundo que lo rodea. Comprende que debe levantarse del sillón si quiere disponer del margen de maniobra necesario para realizar tal operación, pero eso no representa un gran esfuerzo, de manera que se levanta del asiento, comprueba la ventana para asegurarse de que no está echado el cerrojo (no lo está), coloca firmemente el canto de las manos bajo el bastidor del cuerpo superior de la ventana, se detiene un momento para calibrar el tirón que ha de dar y luego empuja con todas sus fuerzas. Contra lo que cabe esperar, la ventana no se mueve. Míster Blank hace una pausa para recobrar el aliento y luego vuelve a intentarlo, con el mismo resultado negativo. Sospecha que la ventana se ha atascado en algún sitio: bien porque hay demasiada humedad en el ambiente, bien por un exceso de pintura que inadvertidamente ha pegado las dos mitades de la ventana de guillotina; pero entonces, al examinar la parte de arriba con mayor detenimiento, descubre algo en lo que no se ha fijado antes. Dos enormes clavos, casi invisibles debido a que tienen la cabeza oculta bajo una capa de pintura, están clavados en el marco. Un clavo a la izquierda y otro a la derecha, y como sabe que le será imposible sacarlos de la madera, la ventana no podrá abrirse; ni ahora ni nunca, comprende Míster Blank, bajo ninguna circunstancia.

Por fin hay pruebas. Una o quizá varias personas lo han encerrado en esa habitación y lo tienen recluido contra su voluntad. Al menos eso es lo que demuestran los dos clavos incrustados en el marco de la ventana, pero por condenatoria que pueda ser esa prueba, aún queda la cuestión de la puerta, y hasta que Míster Blank determine si está cerrada por fuera, o si tiene echada la llave, la conclusión a que ha llegado podría ser errónea. Si pensara con claridad, su siguiente paso sería acercarse a la puerta, andando o sentado en el sillón, y zanjar inmediatamente el asunto. Pero no se mueve de su sitio junto a la ventana, por la sencilla razón de que tiene miedo, de que teme tanto lo que pueda averiguar yendo a la puerta que no se atreve a enfrentarse con la verdad. En cambio, vuelve a sentarse en el sillón y decide romper la ventana. Porque, atrapado o no, por encima de todo siente una desesperada necesidad de saber dónde se encuentra. Piensa en el personaje del relato que ha estado leyendo, y entonces se pregunta si no terminarán sacándolo afuera y fusilándolo a él también. Pero hay otra posibilidad, aún más siniestra a sus ojos, y es que lo asesinen allí mismo, en la habitación, que muera estrangulado por las poderosas manos de algún rufián a sueldo.

No hay objetos contundentes a la vista. Ni martillos ni palos de escoba, por ejemplo, ni picos ni palas, ni hachas ni arietes, y así, incluso antes de empezar, Míster Blank sabe que sus esfuerzos están condenados al fracaso. Sin embargo, hace un intento, porque no solo tiene miedo, sino que también está enfadado, y en pleno acceso de rabia se quita la zapatilla derecha, la agarra firmemente por la puntera y empieza a aporrear el cristal con el tacón. Una ventana normal habría sucumbido ante tamaña embestida, pero esta tiene un doble cristal térmico de lo más resistente, con lo que apenas se estremece mientras la sacude con su débil arma de caucho y lona. Tras veintiún golpes consecutivos, Míster Blank se da por vencido y deja caer la zapatilla al suelo. Ahora, movido por la ira y la frustración, machaca el vidrio varias veces con el puño, negándose a dejar que la ventana diga la última palabra, pero el utensilio de carne y hueso no resulta más eficaz que la zapatilla. Se pregunta si no conseguirá su objetivo con un buen cabezazo, pero aunque no piensa como debería, conserva la suficiente lucidez para comprender el despropósito de infligirse un severo daño físico solo por querer solucionar lo que sin duda es una causa perdida. Desconsolado, por tanto, se desploma sobre el sillón y cierra los ojos: no solo atemorizado, ni únicamente furioso, sino agotado también.

En cuanto baja los párpados, los espectrales seres empiezan a desfilar por su cabeza. Es un cortejo largo, tenuemente iluminado, compuesto por gran número de personajes, centenares de mujeres y hombres, niños y ancianos, unos de corta estatura y otros altos, algunos gruesos y otros delgados, y cuando Míster Blank aguza el oído para escuchar algo, oye no solo el ruido de sus pasos sino algo comparable a un gemido, un lamento colectivo apenas audible que se alza entre sus filas. No sabe quiénes son ni adónde van, pero parecen marchar por un páramo deshabitado, una olvidada tierra de nadie salpicada de escuálidas hierbas, y como está muy oscuro y los personajes avanzan con la cabeza inclinada, Míster Blank no alcanza a distinguir el rostro de ninguno. Lo único que sabe es que la mera visión de esos productos de su imaginación lo llena de terror, y una vez más se siente agobiado por un implacable sentimiento de culpa. Piensa que son los agentes a quienes ha enviado de misión a lo largo de los años, y, tal como ocurrió con Anna, quizá algunos, o muchos de ellos, o todos en general no salieron muy bien parados, hasta el punto de verse expuestos a insoportables sufrimientos o incluso a la muerte.

Míster Blank no está seguro de nada, pero se le ocurre la posibilidad de que exista una relación entre esos seres fantasmales y las fotografías del escritorio. ¿Y si las fotos corresponden a la misma gente cuyo rostro es incapaz de identificar en la escena que se está representando en su cabeza? Si es así, entonces los fantasmas que está contemplando no son tanto quimeras como evocaciones, recuerdos de personas de carne y hueso; porque ¿cuándo fue la última vez que alguien tomó una fotografía de una persona que no existiera? Míster Blank es consciente de que su teoría carece de fundamento, que solo son conjeturas de lo más disparatado, pero ha de haber alguna razón, dice para sí, alguna causa, algún principio que explique lo que le está sucediendo, que justifique el hecho de encontrarse en esa habitación con las fotografías y los cuatro montones de documentos, ¿y por qué no investigar un poco más, para ver si hay alguna verdad en esos palos de ciego?

Olvidando los dos clavos que remachan la ventana, desechando de su memoria la puerta y la cuestión de si está o no cerrada por fuera, Míster Blank se desplaza en el sillón hacia el escritorio, coge el montón de fotografías y las pone frente a él. La de Anna es la primera, por supuesto, y pasa unos momentos mirándola otra vez, contemplando su joven rostro, bello y desdichado, estudiando la expresión de sus ojos negros y ardientes. No, dice para sus adentros, no estuvimos casados. Su marido se llamaba David Zimmer, y ha muerto hace tiempo.

Deja a un lado la fotografía de Anna y examina la siguiente. Es de otra mujer, quizá de veintitantos años, de pelo castaño claro y mirada firme, vigilante. La mitad inferior de su cuerpo se ve borrosa, porque está de pie en el umbral de lo que parece un apartamento de Nueva York con la puerta entreabierta, como si estuviera recibiendo a alguien, y a pesar de la cauta expresión de sus ojos, una tenue sonrisa le dibuja unos pliegues en la comisura de los labios. Durante un fugaz momento, Míster Blank cree reconocerla, pero aunque se esfuerza por recordar su nombre, nada le viene a la memoria; ni después de veinte segundos, ni de cuarenta, ni al cabo de un minuto. Como se acordó tan rápidamente del nombre de Anna, esperaba que ocurriera lo mismo con los demás. Pero ese, por lo visto, no es el caso.

Examina otras diez fotografías con el mismo decepcionante resultado. Un anciano en una silla de ruedas, tan flaco y delicado como un gorrión, que lleva unas gafas ahumadas de ciego. Una joven sonriente con una copa en una mano y un cigarrillo en la otra, vestida a la moda de los años veinte y tocada con un casquete. Un hombre tremendamente obeso con una calva inmensa y un puro encajado entre los dientes. Otra muchacha, china esta vez, que lleva leotardos de bailarina. Un hombre moreno de bigote encerado, ataviado con frac y sombrero de copa. Un chico durmiendo en el césped de lo que parece un parque público. Un hombre maduro, de unos cincuenta y cinco años, tumbado en un sofá con las piernas apoyadas en un montón de almohadones. Un vagabundo de aspecto esmirriado, con barba, sentado en la acera y abrazando a un enorme perro callejero. Un negro regordete de sesenta y tantos años con una guía telefónica de Varsovia de 1937-1938. Un joven delgado sentado a una mesa con cinco cartas en la mano y un montón de fichas de póquer frente a él.

Con cada sucesivo fracaso, Míster Blank se desanima un poco más, cada vez son mayores sus dudas sobre las posibilidades que tendrá con la siguiente foto; hasta que, murmurando algo entre dientes, en tono tan bajo que el magnetófono no alcanza a registrar sus palabras, abandona el intento y deja las fotografías a un lado.

Se balancea de atrás hacia delante en el sillón durante casi un minuto, haciendo lo posible por recuperar el equilibrio mental y olvidar la derrota. Y entonces, sin pensarlo dos veces, coge el texto mecanografiado y empieza a leer otra vez:

Me llamo Sigmund Graf. Nací hace cuarenta y un años en la ciudad de Luz, un centro textil al noroeste de la Provincia de Faux-Lieu, y hasta que me detuvieron por orden del Coronel De Vega, trabajaba en el Departamento Demográfico del Ministerio de la Gobernación. De joven estudié literatura clásica en la Universidad de All Souls y luego serví en el ejército como agente de información en las Guerras de la Frontera Sureste, tomando parte en la batalla que condujo a la unificación de los principados de Petit-Lieu y Merveil. Me licenciaron con todos los honores, concediéndome el rango de capitán y la medalla de servicios distinguidos por mi labor al interceptar y descodificar mensajes del enemigo. Cuando volví a la capital después de la desmovilización, entré en el Ministerio en calidad de coordinador e investigador sobre el terreno. En el momento de salir para los Territorios Distantes, hacía doce años que formaba parte de la plantilla. Mi último cargo oficial fue el de Subdirector Adjunto.

Como todo ciudadano de la Confederación, he sufrido lo mío, he padecido prolongados momentos de violencia y convulsión, y llevo en el alma la pérdida de mis seres queridos. Aún no había cumplido catorce años cuando los disturbios producidos en la Sanctus Academy de Beauchamp condujeron al estallido de las Guerras Lingüísticas de Faux-Lieu, y dos meses después de la invasión vi cómo mi madre y mi hermano pequeño morían abrasados en el Saqueo de

Luz. Mi padre y yo nos encontrábamos entre los siete mil integrantes del éxodo hacia la vecina Provincia de Neue Welt. El viaje se prolongó durante novecientos kilómetros, que tardamos más de dos meses en recorrer, y cuando por fin alcanzamos nuestro destino, nuestras filas habían quedado reducidas a un tercio. Durante los últimos ciento cincuenta kilómetros, mi padre estaba tan débil y enfermo que tuve que llevarlo a cuestas, resbalando en el barro y cegado por las lluvias de invierno, hasta que llegamos a las afueras de Nachtburg. Durante seis meses mendigamos por las calles de aquella ciudad gris, sobreviviendo a duras penas, y cuando finalmente nos salvó un préstamo enviado por unos parientes del norte, estábamos a punto de morir de inanición. Después de eso mejoraron nuestras condiciones de vida, pero por mucha prosperidad que mi padre alcanzó en los años siguientes, nunca llegó a recuperarse plenamente de aquellos meses de privaciones. Cuando murió hace diez veranos, a los cincuenta y seis años, las secuelas de sus experiencias lo habían envejecido tanto que parecía haber cumplido los setenta.

También he sufrido otras penalidades. Hace año y medio, el Ministerio me envió a una expedición a las Comunidades Independientes de la Provincia de Tierra Blanca. Menos de un mes después de mi marcha, la epidemia de cólera causó estragos en la capital.

Muchos se refieren ahora a esa calamidad como la Peste de la Historia, y considerando que se desató en el momento en que las ceremonias de la Unificación, tan minuciosamente programadas desde hacía tiempo, estaban a punto de comenzar, es comprensible que se interpretara como un signo maléfico, un veredicto sobre la naturaleza y el propósito de la Confederación misma. Personalmente, no comparto esa opinión, pero de todos modos mi propia vida se vio afectada por la epidemia. Sin comunicación de ninguna clase con la ciudad, me dediqué a mi trabajo durante los cuatro meses y medio siguientes, viajando de un lado a otro por las remotas y montañosas comunidades del sur, llevando a cabo mis investigaciones sobre las diversas sectas religiosas que habían arraigado en la región. Cuando volví en agosto, la crisis ya había concluido; pero no antes de que mi mujer y mi hija de quince años desaparecieran. La mayoría de nuestros vecinos del barrio de Closterham o habían huido de la ciudad o habían sucumbido a la enfermedad, pero entre los que quedaban, ni uno solo recordaba haberlas visto. La casa estaba intacta, y en ninguna parte encontré indicios de que la peste se hubiera infiltrado entre sus muros. Realicé un concienzudo registro de cada habitación, pero no hallé nada que desvelara el misterio de cómo ni cuándo abandonaron la casa. No faltaban ni ropa ni joyas, ni había por el suelo objetos apresuradamente desechados. La casa estaba exactamente igual que la había dejado cinco meses antes, salvo que mi mujer y mi hija ya no se encontraban allí.

Pasé varias semanas recorriendo la ciudad de arriba abajo en busca de algún vestigio de su paradero, sintiendo una desesperación creciente a cada intento fallido de sacar a la luz alguna información que pudiera ponerme sobre su pista. Empecé hablando con amigos y colegas, y una vez que hube agotado el círculo de personas conocidas (en el que incluyo a las amigas de mi mujer y los padres de las compañeras de colegio de mi hija, así como a los tenderos y comerciantes del barrio), empecé a recurrir a gente desconocida. Provisto de sus retratos, pregunté a infinidad de médicos, enfermeras y voluntarios que habían trabajado en los colegios e improvisados hospitales donde atendían a enfermos y moribundos, pero entre los centenares de personas que miraron aquellas miniaturas, ni una sola fue capaz de reconocer los rostros que les enseñaba. Al final, solo cabía extraer una conclusión. La epidemia se había llevado a las niñas de mis ojos. Junto con otros miles de víctimas, yacían en alguna de las fosas comunes de Viaticum Bluff, el cementerio de los muertos sin nombre.

No menciono todo esto con objeto de suscitar compasión. Nadie tiene por qué sentir lástima de mí, y nadie ha de justificar los errores que cometí en el periodo que siguió a esos acontecimientos. Soy un hombre, no un ángel, y si la punzada de dolor me nublaba de cuando en cuando la visión y me empujaba a ciertos extravíos, ello no debe en modo alguno arrojar dudas sobre la veracidad de mi historia. Para evitar que alguien intente desacreditarme señalando esa mancha en mi expediente, me adelantaré y por propia voluntad declararé abiertamente mis culpas ante el mundo. Vivimos en una época en la que impera la falsedad, y sé cuán fácilmente pueden tergiversarse las ideas por una simple palabra musitada en un oído predispuesto. Cuando se pone en entredicho la reputación de una persona, todo su comportamiento parecerá turbio, sospechoso, cargado de dobles intenciones. En mi propio caso, las flaquezas en cuestión eran producto del dolor, no de la malicia; de la confusión, no de la astucia. Perdí el rumbo, y durante varios meses busqué alivio en la capacidad de olvido que infunde el alcohol. Muchas veces bebía solo, sentado entre las sombras de mi casa vacía, pero unas noches eran peores que otras. En esos momentos, mis cavilaciones empezaban a jugarme malas pasadas, y al cabo de poco sentía que me faltaba el aliento. La cabeza se me llenaba de imágenes de mi mujer y mi hija, y una y otra vez observaba cómo metían bajo tierra sus cuerpos salpicados de barro, sin cesar contemplaba sus desnudos miembros entrelazados con otros cadáveres en lo más hondo de la fosa, y de pronto la oscuridad de la casa se hacía imposible de soportar. Me aventuraba entonces en lugares públicos, con la esperanza de romper el maleficio de aquellas imágenes entre el ruido y el tumulto del gentío. Solía frecuentar tascas y tabernas, y fue en uno de esos establecimientos donde más perjuicio me causé a mí mismo y a mi reputación. El peor incidente ocurrió un viernes de noviembre por la noche, cuando un tal Giles McNaughton me provocó en el Auberge des Vents. McNaughton afirmó que yo lo había atacado antes, pero once testigos declararon lo contrario en el tribunal, y quedé absuelto de todos los cargos. No fue sino una pequeña victoria, sin embargo, porque la cuestión era que había roto un brazo a mi contrincante y le había aplastado la nariz, y yo jamás habría respondido con tal vehemencia si la bebida no me hubiera convertido en un guiñapo. El jurado me encontró inocente, considerando que había obrado en legítima defensa, pero eso no suprimió el estigma del juicio en sí, ni el escándalo que estalló al descubrirse que un alto cargo del Ministerio de la Gobernación se había visto mezclado en una brutal reyerta de taberna. Al cabo de unas horas de pronunciarse el veredicto, empezaron a circular rumores de que unos funcionarios del Ministerio habían sobornado a ciertos miembros del jurado para que votaran a mi favor. No tengo conocimiento de que hubiera manejos turbios por mi causa, y tiendo a desechar esas acusaciones como simples habladurías. Lo que sí sé con seguridad es que nunca había visto a McNaughton antes de esa noche. Él, en cambio, sabía de mí lo bastante para llamarme por mi nombre, y cuando se acercó a la mesa y empezó a hablar de mi mujer, sugiriendo que la información de que disponía podría esclarecer el misterio de su desaparición, le dije que me dejara en paz. Aquel individuo quería dinero, y con una sola mirada a su rostro enfermizo, lleno de manchas, me convencí de que era un falsario, un oportunista que se había enterado de mi tragedia y pretendía sacar provecho de ella. A McNaughton, por lo visto, no le gustó que le despacharan de aquella manera tan brusca. En vez de disculparse, se sentó en una silla a mi lado y me cogió furiosamente por el chaleco. Entonces empezó a zarandearme, y con nuestros rostros casi tocándose, se irguió sobre mí y me dijo: ¿Qué pasa, ciudadano? ¿Tienes miedo de la verdad? Su mirada destilaba rabia y desprecio, y como estábamos tan cerca el uno del otro, sus ojos eran lo único tangible que aparecía en mi campo visual. Noté la hostilidad que fluía de todo su ser, y un instante después la sentí brotar en mi interior. Fue en ese momento cuando me lancé sobre él. Sí, él me había atacado primero, pero en cuanto empecé a defenderme, solo quería hacerle daño, causarle todo el mal posible.

Ese fue mi delito. Tómenlo como quieran, pero no dejen que interfiera con la lectura de este informe. La desgracia alcanza a todos los hombres, y cada ser humano hace las paces con el mundo a su manera. Si la violencia que ejercí contra McNaughton aquella noche fue injustificada, la mayor maldad consistió en el placer que experimenté al emplearla. No pretendo disculpar mi comportamiento, pero considerando mi estado de ánimo durante ese periodo, sorprende que el incidente del Auberge des Vents fuera el único en que arremetí contra otra persona. Por lo demás, solo me perjudiqué a mí mismo, y hasta que aprendí a frenar mis ansias de beber (que en realidad eran deseos de muerte), estuve al borde de la aniquilación absoluta. Con el transcurso del tiempo, logré recobrar de nuevo el dominio de mí mismo, pero debo confesar que ya no soy el hombre que fui. Si continúo existiendo es principalmente porque mi trabajo en el Ministerio me ha dado una razón para vivir. Tal es la ironía de mi situación. Estoy acusado de ser un enemigo de la Confederación, que sin embargo no ha tenido en los últimos diecinueve años servidor más leal que yo. Mi expediente da buena prueba de ello, y me siento orgulloso de haber vivido en una época que me ha permitido participar en tan vasta empresa humana. Mi trabajo sobre el terreno me ha enseñado a apreciar la verdad por encima de todo, y por eso he aireado mis errores y transgresiones, pero eso no significa que vaya a aceptar la culpabilidad de un delito que no he cometido. Creo en lo que representa la Confederación, y eso lo he defendido apasionadamente de palabra y obra, y hasta con mi sangre. Si la Confederación se ha vuelto contra mí, eso solo puede significar que se ha vuelto contra sí misma. No espero seguir viviendo mucho tiempo, pero si estas páginas caen en manos de alguien con la suficiente fortaleza de ánimo para leerlas con el mismo espíritu con que se han escrito, entonces mi muerte quizá no habrá sido enteramente en vano.

A lo lejos, fuera de la habitación, más allá del edificio donde está situado el cuarto, Míster Blank vuelve a oír el tenue grito de un pájaro. Distraído por el sonido, alza la vista de la página que tiene delante, abandonando por el momento las dolorosas confesiones de Sigmund Graf. Siente que una súbita opresión le invade el estómago, y antes de que le dé tiempo a decidir si se trata de dolor o de una simple molestia, su tracto intestinal emite un profundo y sonoro pedo. Ho, ho, exclama en voz alta, gruñendo de placer. ¡Hopalong Cassidy cabalga de nuevo! Luego se echa hacia atrás en el sillón, cierra los ojos y empieza a balancearse, cayendo pronto en uno de esos apáticos estados cercanos al trance en los que la mente se vacía de todo pensamiento, de toda emoción, de todo contacto con el yo profundo. De manera que, atrapado en ese estupor, Míster Blank se encuentra, por así decir, ausente, o al menos momentáneamente aislado de su entorno, lo que significa que no oye que están llamando a la puerta. Peor aún, no se entera de que abren la puerta, y por tanto, aunque ha entrado alguien en la habitación, continúa ignorando si la puerta se halla cerrada por fuera. O pronto seguirá sin saberlo, una vez que salga del trance.

El visitante le da unos golpecitos en el hombro, pero antes de que Míster Blank pueda abrir los ojos y dar media vuelta en el sillón, el recién llegado ya ha empezado a hablar. Por el timbre y el tono de voz, reconoce al instante que pertenece a un hombre, pero se queda perplejo ante el hecho de que le está hablando con un acento que parece de la zona este de Londres.

Lo siento, dice el desconocido. He llamado una y otra vez, y como no abría la puerta, pensé que debía entrar para ver si pasaba algo.

Míster Blank da ahora media vuelta en el sillón y observa detenidamente al visitante. El recién llegado parece tener cincuenta y pocos años, va muy repeinado y lleva un bigotito castaño salpicado de gris. Ni bajo ni alto, dice para sí, pero más bien bajo que alto, y a juzgar por la postura erguida, casi tiesa, que mantiene con su traje de *tweed*, puede que sea militar, o quizá un funcionario de rango inferior.

¿Y usted quién es?, pregunta Míster Blank.

Flood, señor. Mi nombre de pila es James. Patrick, de segundo nombre. James P. Flood. ¿No se acuerda de mí?

No mucho, solo vagamente.

El expolicía.

Ah. Flood, el expolicía. Iba usted a hacerme una visita, ¿verdad?

Sí, señor. Exactamente, señor. Por eso he venido. Para hacerle una visita.

Míster Blank recorre la habitación con la mirada, buscando una silla para invitar a Flood a que se siente, pero, por lo visto, el único sitio para sentarse que hay en el cuarto es el que él está ocupando ahora.

¿Ocurre algo?, pregunta Flood.

No, no, responde Míster Blank. Solo estaba buscando una silla, eso es todo.

En último caso, puedo sentarme ahí, contesta Flood, señalando la cama. O, si le apetece, podríamos ir al parque, ahí enfrente. Habrá bancos de sobra.

Míster Blank se señala el pie derecho y dice:

Me falta una zapatilla. No puedo salir calzado con una sola zapatilla.

Flood da media vuelta e inmediatamente localiza la otra zapatilla blanca, que está en el suelo, debajo de la ventana.

Allí está la otra. Podríamos volver a ponérsela en menos que canta un gallo.

¿Un gallo? Pero ¿qué está diciendo?

Solo es una manera de hablar, Míster Blank. No se preocupe, no es nada. Flood se calla un momento, vuelve a mirar la zapatilla, y luego añade: Bueno, ¿qué me dice? ¿Se la ponemos o no?

Cansado de la cuestión, Míster Blank emite un hondo suspiro.

No, contesta, con un deje de sarcasmo en la voz, no quiero ponérmela. Estoy harto de las puñeteras zapatillas. Si acaso, preferiría quitarme esta otra, también.

En cuanto se le escapan esas palabras de los labios, Míster Blank se anima al comprender que ese acto cae en el ámbito de lo posible, que en ese insignificante caso la decisión está en sus manos. Por tanto, sin un momento de vacilación, se agacha y se quita la zapatilla del pie izquierdo.

Ah, eso está mejor, observa en voz alta, alzando las piernas y moviendo en el aire los dedos de los pies. Mucho mejor. Y sigo todo vestido de blanco, ¿no es así?

Desde luego que sí, conviene Flood. Pero ¿qué importancia tiene eso?

Da igual, contesta Míster Blank, desechando con un gesto la pregunta de Flood por improcedente. Siéntese en la cama y dígame lo que desea, Flood.

El antiguo inspector de Scotland Yard se sienta a los pies de la cama, colocándose de manera que su rostro queda en línea con el del anciano, que está sentado en el sillón de espaldas al escritorio, a unos dos metros de distancia. Flood se aclara la garganta, como buscando las palabras adecuadas para empezar, y luego, en tono bajo y con la voz trémula de ansiedad, declara:

Es sobre el sueño.

¿El sueño?, pregunta Míster Blank, confuso por el preámbulo de Flood. ¿Qué sueño?

Mi sueño, Míster Blank. El que mencionaba usted en su informe sobre Fanshawe.

¿Quién es Fanshawe?

¿No se acuerda?

No, declara con irritación Míster Blank, alzando la voz. No, no recuerdo a Fanshawe. Casi no me acuerdo de nada. Me están hinchando a pastillas, y se me ha ido casi todo de la cabeza. La mayor parte del tiempo, ni siquiera sé quién soy. Y si no me acuerdo de mí, ¿cómo quiere que me acuerde de ese..., de ese tal...

Fanshawe.

Fanshawe... ¿Y quién es ese, si tiene la amabilidad de decírmelo?

Uno de sus agentes, señor.

¿Quiere decir que es alguien a quien envié a una misión?

A una misión sumamente peligrosa.

¿Sobrevivió?

Nadie lo sabe. Pero la opinión predominante es que ya no está entre nosotros.

Gimiendo suavemente para sus adentros, Míster Blank se lleva las manos a la cara y dice en voz baja:

Otro de los condenados.

Disculpe, le interrumpe Flood, no he oído lo que acaba de decir.

Nada, responde Míster Blank en voz más alta. No he dicho nada.

En ese punto, la conversación se interrumpe durante unos momentos. Hay un intervalo de silencio, y envuelto en él imagina Míster Blank que oye el rumor del viento en un bosquecillo próximo, muy cercano, pero aunque sopla fuerte no sabría decir si es real o no. Durante todo ese tiempo, los ojos de Flood permanecen fijos en el rostro del anciano. Cuando el silencio se vuelve insoportable, hace finalmente un tímido intento por reanudar el diálogo.

¿Y bien?, dice.

¿Y bien, qué?, contesta Míster Blank.

El sueño. ¿Podemos hablar ahora del sueño?

¿Cómo voy a hablar del sueño de otra persona si no sé de qué va?

Ese es el problema precisamente, Míster Blank. Yo mismo no me acuerdo.

Entonces no puedo servirle de nada, ¿verdad? Si ninguno de los dos sabe lo que pasó en su sueño, no hay nada de que hablar.

La cosa es más complicada, Míster Blank.

Al contrario, Flood. Es muy sencilla.

Lo dice solo porque no recuerda haber escrito el informe. Si se concentra, si hace un verdadero esfuerzo de memoria, quiero decir, puede que se vuelva a acordar.

Lo dudo.

Escuche. En el informe que escribió, menciona usted que Fanshawe era autor de varios libros sin publicar. Uno de ellos se titulaba *El país del ensueño*. Lamentablemente, salvo por concluir que ciertos acontecimientos del libro se basaban en hechos similares de la vida de Fanshawe, usted no explica nada del tema, no dice nada de la trama, nada en absoluto sobre el texto. Solo un breve aparte —escrito entre paréntesis, debo añadir—, que dice lo siguiente. Cito de memoria: *(Casa de Montag en el capítulo siete; sueño de Flood en el capítulo treinta)*. El caso es, Míster Blank, que como usted conoce *El país del ensueño*, y como es una de las pocas personas que lo han leído en el mundo, le estaría muy agradecido si hiciera un esfuerzo por recordar el contenido de ese sueño, se lo agradecería desde lo más profundo de mi desdichado corazón.

Por la forma en que habla de ese libro, *El país del ensueño* debe ser una novela.

Sí, señor. Un obra de ficción.

¿Y Fanshawe lo utilizó a usted como personaje?

Por lo visto. Eso no es nada raro. Por lo que me han dicho, los escritores lo hacen continuamente.

Puede que sí, pero no veo por qué está tan preocupado por eso. El sueño no ocurrió en realidad. Solo son palabras en un papel: pura invención. Olvídelo, Flood. No tiene importancia.

Para mí la tiene, Míster Blank. Mi vida entera depende de ello. Sin ese sueño no soy nada, prácticamente nada.

La pasión con la que el policía, habitualmente tan reservado, expone esa última observación —movido por una auténtica y desgarradora desesperación— le hace mucha gracia a Míster Blank, y por primera vez desde las primeras líneas del presente informe, suelta una estrepitosa carcajada. Como cabe esperar, Flood se ofende, porque a nadie le gusta ver sus sentimientos bruscamente atropellados, y menos aún a alguien tan vulnerable como es Flood en este momento.

Eso me ha sentado mal, Míster Blank, declara el expolicía. No tiene ningún derecho a reírse de mí.

Seguro que no, contesta el anciano una vez que ha cedido el espasmo en su pecho, pero no he podido evitarlo. Se toma usted demasiado en serio, hombre. De manera que hace el ridículo.

Puede que sea ridículo, replica Flood, con furia creciente en la voz, pero usted, Míster Blank..., usted es cruel..., cruel e insensible al dolor de los demás. Juega usted con vidas ajenas y no asume la responsabilidad de sus actos. No voy a quedarme aquí sentado para aburrirlo con mis problemas, pero le considero a usted culpable de lo que me ha pasado. Creo sinceramente que usted es quien tiene la culpa, y por eso lo desprecio.

¿Problemas?, pregunta Míster Blank, suavizando de pronto su tono de voz, haciendo lo posible por mostrar cierta comprensión. ¿Qué clase de problemas?

Los dolores de cabeza, en primer lugar. Que me viera obligado a aceptar la jubilación anticipada, en segundo lugar. La bancarrota, en tercer lugar. Y además está la cuestión de mi mujer, o mejor dicho, de mi exmujer, por no hablar de mis hijos, que no quieren saber nada de mí. Mi vida está arruinada, Míster Blank. Voy por el mundo como un fantasma, y a veces me pregunto si siquiera existo. Si he existido alguna vez.

¿Y piensa que enterándose de ese sueño va a resolver todo eso? Lo dudo mucho, sabe usted.

El sueño constituye mi única posibilidad. Es como una parte perdida de mí mismo, y si no la encuentro, nunca volveré a ser el de antes.

Ese Fanshawe no me viene a la memoria. No recuerdo haber leído su novela. Tampoco me acuerdo de haber escrito el informe. Ojalá pudiera ayudarlo, Flood, pero el tratamiento que me están aplicando me ha dejado el cerebro hecho puré.

Trate de recordar. Es lo único que le pido. Inténtelo.

Cuando Míster Blank mira de frente al destrozado expolicía, ve que un torrente de lágrimas le corre por las mejillas. Pobre hombre, dice para sus adentros. Por unos momentos piensa en la conveniencia de pedir a Flood que lo ayude a encontrar el armario, pues ahora recuerda que ha sido él quien se lo ha mencionado por teléfono aquella misma mañana, pero al final, tras sopesar las ventajas y los inconvenientes de formular una petición así, resuelve no hacerlo. En cambio dice:

Le ruego me disculpe, Flood. Lamento haberme reído de usted.

Flood se ha ido ya, y una vez más Míster Blank vuelve a estar solo en la habitación. En los momentos posteriores a ese perturbador encuentro, el anciano se siente incómodo y malhumorado, dolido por las injustas y desagradables acusaciones que le han formulado. Sin embargo, como no quiere desaprovechar ninguna oportunidad de saber más de sus actuales circunstancias, da un giro en la butaca hasta encontrarse frente al escritorio, y entonces coge el cuaderno y el bolígrafo. A estas alturas tiene el suficiente conocimiento de la situación para comprender que si no lo pone inmediatamente por escrito, el nombre se le irá pronto de la cabeza, y no quiere correr el riesgo de olvidarlo. Abre por tanto el cuaderno por la primera página, coge el bolígrafo y añade otro nombre a su lista:

James P. Flood
Anna
David Zimmer
Peter Stillman, hijo
Peter Stillman, padre
Fanshawe

Al escribir *Fanshawe*, cae en la cuenta de que durante la visita de Flood se ha mencionado otro nombre, el de alguien que guardaba relación con el sueño del expolicía en el capítulo treinta del libro, pero por mucho que se esfuerza en recordarlo, es incapaz de dar con la respuesta. Tiene algo que ver con el capítulo siete, dice para sí, era algo sobre una casa, pero por lo demás la mente de Míster Blank permanece en blanco. Irritado por su pérdida de facultades, decide tomar nota a pesar de todo, con la esperanza de recordarlo en un momento futuro. La lista se compone ahora de los siguientes elementos:

James P. Flood
Anna
David Zimmer
Peter Stillman, hijo
Peter Stillman, padre
Fanshawe
Hombre con casa

Cuando Míster Blank deja el bolígrafo, oye el eco de una palabra en su cabeza, y durante unos momentos, mientras el vocablo sigue resonando en su interior, siente que está a las puertas de un descubrimiento importantísimo, de una revelación que le servirá de ayuda para aclarar lo que el futuro le tiene reservado. La palabra es *parque*. Recuerda ahora que poco después de presentarse en la habitación, Flood ha sugerido que mantuvieran su conversación en el *parque de enfrente*. Con independencia de otras consideraciones, eso parece contradecir su anterior suposición de que está prisionero, confinado en el espacio que delimitan esas cuatro paredes, sin posibilidad de salir alguna vez al mundo. Se siente un tanto animado por la idea, pero también es consciente de que, aun en el caso de que se le permita ir al parque, eso no demuestra necesariamente que sea libre. Las visitas al parque quizá sean posibles únicamente bajo estricta vigilancia, y una vez que Míster Blank haya saboreado una grata dosis de sol y aire fresco, lo conducirán rápidamente de vuelta a la habitación, donde volverá a estar encerrado contra su voluntad. Piensa que es una lástima no haber tenido la necesaria presencia de ánimo para preguntar a Flood sobre el parque; con objeto de determinar si se trata de un parque público, por ejemplo, o simplemente de una zona arbolada o con césped que pertenece al edificio, institución o asilo donde está viviendo ahora. Y lo que es más importante, se da cuenta, por la que debe de ser la enésima vez en ese día, de que todo depende de las características de la puerta, de si está cerrada por fuera o no. Cierra los ojos y se esfuerza por recordar los sonidos que han llegado a sus oídos cuando Flood ha salido de la habitación. ¿Era el ruido de un cerrojo, el de una llave que gira en el cilindro de una cerradura, o el simple chasquido de un pestillo? Míster Blank no recuerda bien. Cuando la conversación con Flood llegaba a su fin, él se encontraba en tal estado de agitación a causa de aquel desagradable hombrecillo y de sus quejumbrosas recriminaciones, que el desconcierto no le permitía prestar atención a cuestiones tan nimias como cerraduras, cerrojos o puertas.

Míster Blank se pregunta si no ha llegado por fin el momento de investigar personalmente el asunto. Por mucho miedo que llegue a tener, ¿no sería mejor enterarse de la verdad de una vez para siempre en lugar de vivir en un estado de perpetua incertidumbre? Puede que sí, dice para sus adentros. Pero también puede que no. Antes de que decida si tiene valor para desplazarse finalmente hasta la puerta, se presenta de improviso otro problema, más urgente; lo que con mayor precisión podría calificarse de *necesidad imperiosa*. Míster Blank vuelve a sentir una creciente opresión en su organismo. A diferencia del episodio anterior, que se localizaba en la zona general del estómago, este aparece en un punto situado varios centímetros más abajo, en la región más meridional de su vientre. Por su larga experiencia en tales asuntos, el anciano comprende que tiene que mear. Considera la posibilidad de desplazarse en el sillón hasta el cuarto de baño, pero sabiendo que no cabe por la puerta, y consciente además de que no podrá realizar esa operación sentado, de que inevitablemente llegará el momento en que tenga que levantarse (aunque solo sea para volver a sentarse en la taza del retrete en caso de que lo asalte otro súbito desfallecimiento), decide recorrer el trayecto a pie. Con lo cual se levanta de la silla, contento de observar que no pierde el equilibrio al incorporarse, que no hay señales del vértigo que antes lo asediaba. Lo que ha olvidado, sin embargo, es que ya no calza las zapatillas blancas de deporte, por no hablar de las anteriores chancletas negras, y que ya no lleva nada en los pies salvo los calcetines blancos de nailon. Debido a que los calcetines están hechos de un tejido muy fino, y a que la superficie del entarimado es bastante escurridiza, al dar el primer paso descubre que puede avanzar sin esfuerzo alguno; no como cuando iba arrastrando las chancletas con aquel áspero sonido, sino como si estuviera patinando sobre hielo.

Otro nuevo placer se le ha revelado, y al cabo de dos o tres deslizamientos experimentales entre la mesa y la cama, concluye que no es menos divertido que mecerse y dar vueltas en el sillón; incluso más aún. La presión le aumenta en la vejiga, pero Míster Blank retrasa su expedición al cuarto de baño para prolongar durante unos instantes sus evoluciones por el hielo imaginario, y mientras patina por el cuarto, levantando primero un pie del suelo, luego el otro, o desplazándose, si no, con ambos pies a la vez sobre el parqué, vuelve de nuevo al pasado remoto, a una época no tan lejana como la de Whitey, el caballito de madera, ni como la de aquellas mañanas en que su madre lo sentaba sobre sus piernas para vestirlo, pero nada próxima de todos modos: Míster Blank justo antes de la adolescencia, a los diez años más o menos, quizá once, pero sin llegar de ningún modo a los doce. Es un frío sábado por la tarde de enero o febrero. Se ha helado el estanque de la pequeña ciudad donde ha crecido, y ahí tenemos al joven Míster Blank, a quien entonces llamaban Master Blank, patinando de la mano con su primer amor, una chica pelirroja de ojos verdes, con una larga melena alborotada por el viento, las mejillas encarnadas de frío, su nombre ya olvidado, aunque empezaba con la letra *S*, dice Míster Blank para sí, de eso está seguro, Susie, cree, o Samantha, Sally o Serena, pero no, no se llamaba así, y en realidad no importa, porque habida cuenta de que era la primera vez que cogía a una chica de la mano, lo que recuerda más vívidamente ahora es la sensación de haber entrado en un mundo nuevo, en un universo donde el hecho de tener cogida de la mano a una chica constituía un regalo más deseable que cualquier otro, y tal era su fervor por aquella joven criatura cuyo nombre empezaba por la letra *S* que cuando dejaron de patinar y se sentaron en un tronco de árbol a la orilla del estanque, Master Blank fue lo bastante atrevido para inclinarse hacia ella y darle un beso en los labios. Por motivos que lo dejaron tan perplejo como dolido en aquellos momentos, la señorita S. soltó una carcajada, apartó la cara y lo reprendió con una frase que no se le ha olvidado nunca, ni siquiera ahora, en sus lamentables circunstancias, cuando la cabeza no le marcha muy bien y tantas otras cosas se le han borrado de la memoria: No seas bobo. Y es que el objeto de sus afectos, con apenas diez u once años, no entendía nada de esas cosas, aún no había crecido lo suficiente para apreciar las insinuaciones amorosas de alguien del sexo opuesto. De manera que, en vez de corresponder al beso de Master Blank, se echó a reír.

Tardó días en encajar el desaire, con tanto dolor en el alma que una mañana, al observar su abatido aspecto, su madre le preguntó qué le pasaba. Míster Blank aún era muy joven para tener reparos en confiarse a su madre, de modo que se lo contó todo. A lo que ella respondió: No te preocupes por esa renacuaja, hay otras muchas entre las que elegir. Era la primera vez que oía una expresión así, y le pareció curioso que comparasen a las chicas con renacuajos, cosa a la que, a su juicio, no se parecían en modo alguno, al menos por lo que él sabía. A pesar de todo, entendió la metáfora, pero aun comprendiendo lo que su madre quería decirle, no estaba de acuerdo con ella, porque la pasión es ciega y siempre lo será, y en lo que se refería a Míster Blank, en el mundo de las renacuajas solo había una que contara, y en caso de que no pudiera quedarse con esa, las demás no le interesaban para nada. Con el tiempo cambió de opinión, claro está, y a medida que pasaban los años fue viendo lo acertado de la observación de su madre. Ahora, mientras continúa deslizándose por la habitación con sus calcetines blancos de nailon, se pregunta cuántas renacuajas habrá habido desde entonces. No está seguro, porque la memoria le falla más que otra cosa, pero sabe que hay docenas, hasta centenares, quizá: más renacuajas en su pasado de las que puede recordar, contando e incluyendo a Anna, la chica perdida hace tantísimos años, redescubierta aquel mismo día en la inacabable orilla del amor.

Esos pensamientos revolotean por la cabeza de Míster Blank en cuestión de segundos, quizá doce, tal vez veinte, y durante ese intervalo, mientras el pasado va aflorando en su interior, no deja de patinar por el cuarto, procurando mantener la atención para no perder el equilibrio. Por breves que puedan ser esos segundos, sin embargo, llega un momento en que los días pretéritos se apoderan del presente, y en vez de recordar e impulsarse de manera simultánea, olvida que se está moviendo y se centra exclusivamente en sus cavilaciones, con lo que no tarda mucho, menos de un segundo, dos segundos todo lo más, en perder la estabilidad y caer pesadamente al suelo.

Por suerte, no aterriza con la cabeza, pero aparte de eso la caída puede considerarse como una buena costalada. Sale despedido hacia atrás mientras agita en el aire los pies descalzos, desesperado por encontrar un agarre en el resbaladizo entarimado, echando luego las manos hacia atrás con la vana esperanza de amortiguar el impacto, pero de todas maneras se da un tremendo porrazo en la rabadilla, lo que le envía una oleada de volcánico fuego por las piernas y el torso, y como ha absorbido parte del golpe con las manos, siente que también le arden las muñecas y los codos. Míster Blank se retuerce en el suelo, demasiado aturdido incluso para sentir lástima de sí mismo, y mientras lucha por asimilar el dolor que lo atenaza, olvida contraer los músculos de alrededor del pene, cosa que ha estado haciendo durante los últimos minutos mientras patinaba por la superficie de su pasado. Porque tiene la vejiga hasta los topes, y a menos que haga un verdadero esfuerzo para que no reviente, por así decir, no tardará mucho en originar un incidente molesto y vergonzoso. Pero el caso es que no aguanta más. El dolor se ha apoderado de su mente y no puede pensar en nada, de manera que en cuanto empieza a relajar los mencionados músculos, siente que la uretra cede ante lo inevitable y un momento después se mea en los pantalones. Igual que un niño pequeño, dice para sí mientras la cálida orina fluye librement de la vejiga y le chorrea por la pierna. Y añade: Una criaturita lloriqueando y vomitando en los brazos de la niñera. Luego, una vez que ha cesado el diluvio, grita a pleno pulmón: ¡Idiota! ¡Viejo chocho! ¡Pero qué coño te pasa!

Ahora Míster Blank está en el cuarto de baño, quitándose los pantalones, los calzoncillos y los calcetines, todos empapados y amarillentos por su involuntaria pérdida de control. Nervioso aún por el paso en falso, los huesos todavía doloridos por el golpetazo contra el suelo, arroja con furia cada prenda de ropa a la bañera, coge luego la manopla que antes utilizó Anna para lavarlo y se limpia las piernas y las ingles con agua caliente. Al frotarse, el pene empieza a perder su normal estado de flaccidez, aumentando de tamaño y elevándose de la perpendicular hasta un ángulo de cuarenta y cinco grados. Pese a las múltiples indignidades a las que se ha visto sometido en los últimos minutos, no puede evitar una sensación de consuelo por ese acontecimiento, como si en cierto modo fuera una prueba de que su honor aún permanece intacto. Al cabo de unas cuantas friegas más, su viejo compañero le sobresale en línea recta entre las piernas, y de tal guisa, precedido por su segunda erección de la mañana, Míster Blank sale del cuarto de baño, se dirige a la cama y se pone los pantalones del pijama que Anna ha guardado bajo la almohada. Don Importante ya ha empezado a encogerse cuando el anciano enfunda los pies en las chancletas de cuero, pero ¿qué otra cosa puede esperarse en ausencia de más fricciones o de algún estímulo mental? Míster Blank se encuentra más cómodo con el pijama y las chancletas que con los pantalones blancos y las zapatillas de deporte, pero al mismo tiempo no puede evitar cierta sensación de culpa ante el cambio de indumentaria, porque el caso es que ya no va todo vestido de blanco, lo que significa que ha roto la promesa que ha hecho a Anna —de acuerdo con la petición de Peter Stillman, hijo—, y eso le duele profundamente, aún más que la contusión que le sigue lacerando todo el cuerpo. Mientras se dirige arrastrando los pies hacia el escritorio para proseguir la lectura del texto mecanografiado, decide confesárselo la próxima vez que la vea, esperando que lo perdone de todo corazón.

Momentos después está sentado una vez más en el sillón, sintiendo un dolor punzante en la rabadilla mientras se remueve en el asiento hasta encontrar una postura más o menos soportable. Luego empieza a leer:

Hace seis meses me enteré de que había problemas en los Territorios Distantes. Era pleno verano, a última hora de la tarde, y estaba solo en mi despacho, redactando las últimas páginas de mi informe bianual. Llevábamos trajes de algodón desde el principio de la temporada, pero aquel día el calor era especialmente sofocante, hacía tal bochorno que hasta la más tenue prenda de ropa resultaba excesiva. A las diez de la mañana, había ordenado a los empleados de mi departamento que se quitaran la chaqueta y la corbata, pero como esa medida no pareció surtir mucho efecto, a mediodía les di permiso para que se retiraran. Como no habían hecho nada en toda la mañana aparte de abanicarse la cara y enjugarse el sudor de la frente, parecía inútil tenerlos secuestrados por más tiempo.

Recuerdo que comí en el Bruder Hof, un pequeño restaurante a la vuelta de la esquina del Ministerio de Asuntos Exteriores. Después di un paseo por el bulevar de Santa Victoria hasta el río, para ver si por casualidad corría un poco de brisa. Observé a los niños, que lanzaban al agua sus barcos de juguete, a las mujeres, que caminaban en grupos de tres o cuatro con sus parasoles amarillos y sus tímidas sonrisas, a los jóvenes tumbados sobre la hierba. Siempre me ha gustado la capital en verano. Hay una quietud que nos envuelve en esa época del año, una especie de trance que parece empañar la diferencia entre lo animado y lo inanimado, y como el gentío de las avenidas es menos numeroso y transita con mayor silencio, el frenesí de otras estaciones resulta casi inconcebible. Quizá sea porque el Protector y su familia ya no están en la ciudad por esas fechas, y con el palacio vacío y los postigos azules tapando las familiares ventanas, en verdad parece que la Confederación pierde cierta entidad. Se tiene conciencia de las grandes distancias, de los inmensos territorios, de la infinidad de gente, del caos y la agitación de la vida; pero todo ello resulta difuso, en cierto modo, como si el concepto de Confederación se hubiera interiorizado, convirtiéndose en un sueño que cada persona lleva dentro de sí.

Tras volver a la oficina, trabajé sin parar hasta las cuatro. Acababa de dejar la pluma para reflexionar sobre los últimos párrafos cuando me interrumpió la llegada del secretario del Ministro: un joven llamado Jensen o Johnson, no recuerdo bien. Me entregó una nota y se puso a mirar discretamente en otra dirección mientras yo la leía, esperando mi respuesta para llevársela al Ministro. El mensaje era muy breve. *¿Le sería posible pasar por mi casa esta noche? Disculpe esta invitación tan precipitada, pero necesito hablar con usted de un asunto de gran importancia. Joubert.*

Escribí una contestación en papel con membrete del departamento, agradeciendo al Ministro su invitación y comunicándole que podía esperarme a las ocho. El pelirrojo secretario se fue con la nota, y yo permanecí unos minutos frente a mi escritorio, intrigado por lo que acababa de ocurrir. Joubert había tomado posesión del cargo tres meses antes, y en ese tiempo solo lo había visto una vez: en una recepción formal que dio el Ministerio para celebrar su nombramiento. En circunstancias normales, un funcionario de mi posición habría tenido escaso contacto directo con el Ministro, y me pareció raro que me invitara a su casa, sobre todo con tal apresuramiento. Por todo lo que hasta entonces había oído de él, como superior no era impulsivo ni ostentoso, y no ejercía su poder de manera arbitraria ni excesiva. Dudaba de que me hubiera convocado a esa reunión privada porque pensara criticar mi trabajo, pero al mismo tiempo, a juzgar por la urgencia de su recado, estaba claro que no se trataba de una simple visita social.

Para una persona que había alcanzado rango tan elevado, Joubert no ofrecía un aspecto impresionante. A punto de cumplir sesenta años, era un hombre diminuto y achaparrado, con mala vista y nariz protuberante, y durante toda nuestra conversación no hizo otra cosa que ajustarse una y otra vez los quevedos. Un sirviente me condujo por el pasillo central a una pequeña biblioteca en la planta baja de la residencia del Ministro, y cuando Joubert se levantó para recibirme, vestido con una anticuada levita marrón y un corbatín blanco de volantes, tuve la sensación de estrechar la mano a un auxiliar administrativo en vez de a uno de los hombres más importantes de la Confederación. Una vez que empezamos a hablar, sin embargo, esa ilusión se disipó rápidamente. Tenía una mente clara y despierta, y expresaba cada una de sus observaciones con autoridad y convicción. Tras disculparse por convocarme a su casa en momento tan poco oportuno, me indicó el lujoso sillón de cuero que había frente a su escritorio, y me senté.

—Supongo que habrá oído hablar de Ernesto Land —me dijo, sin perder más tiempo en vacías formalidades.

—Era uno de mis mejores amigos —contesté—. Combatimos juntos en las Guerras de la Frontera Sureste y luego fuimos colegas, trabajamos juntos en el mismo departamento del servicio secreto. Después del Tratado de Consolidación del Cuatro de Marzo, me presentó a una mujer con la que luego me casé: mi difunta esposa, Beatrice. Era un hombre de grandes aptitudes y un coraje excepcional. Su muerte durante la epidemia de cólera fue una gran pérdida para mí.

—Esa es la versión oficial. En el Registro Civil del Ayuntamiento está su certificado de defunción, pero el nombre de Land ha vuelto a surgir recientemente en varias ocasiones. Si esos informes son ciertos, puede que siga vivo.

—Excelente noticia, señor. Me alegro mucho.

—Desde hace unos meses, nos vienen llegando rumores de la guarnición de Ultima. Todo está por confirmar, pero según tales noticias, Land cruzó la frontera y entró en los Territorios Distantes poco después de acabar la epidemia de cólera. El viaje de la capital a Ultima dura tres semanas. Lo que significa que Land salió nada más declararse la peste. Con lo que no hay que darlo por muerto, solo por desaparecido.

—Está prohibido pasar a los Territorios Distantes. Todo el mundo lo sabe. Los Decretos de Restricción del Tránsito ya llevan diez años en vigor.

—No importa, Land está allí. Si los informes del servicio secreto son correctos, iba acompañado de un ejército de más de cien hombres.

—No lo entiendo.

—Creemos que está sembrando el descontento entre los primitivos, preparándose para encabezar una insurrección contra las provincias occidentales.

—No es posible.

—Nada es imposible, Graf. Y usted debería saberlo.

—Nadie cree en los principios de la Confederación más fervientemente que él. Ernesto Land es un patriota.

—Los hombres a veces cambian de punto de vista.

—Debe estar equivocado. Un levantamiento no es factible. Cualquier acción militar requeriría la unidad entre los primitivos, y eso no ha sucedido nunca y no ocurrirá jamás. Son tan distintos y están tan divididos como nosotros. Sus hábitos sociales, sus lenguas y sus creencias religiosas los han tenido enfrentados durante siglos. En el este, los tácamenos entierran a los difuntos, igual que nosotros. En el oeste, los gangis colocan a los fallecidos en altas plataformas y dejan que los cadáveres se pudran al sol. En el sur, el pueblo de los cuervos incinera a sus muertos. En el norte, los vahntus cocinan los cadáveres y se los comen. Nosotros lo consideramos como una ofensa contra Dios, pero para ellos es un ritual sagrado. Cada nación está dividida en tribus, que a su vez se encuentran subdivididas en pequeños clanes, y no solo han combatido entre sí todas las naciones en diversos momentos del pasado, sino que en el interior de esas naciones las tribus también han hecho la guerra unas contra otras. Sencillamente, excelencia, no los veo haciendo causa común. En primer lugar, si fueran capaces de actuar de manera conjunta, nunca habríamos sido capaces de derrotarlos.

—Entiendo que usted conoce perfectamente los Territorios.

—Pasé más de un año entre los primitivos durante mis primeros tiempos en el Ministerio. Fue antes de los Decretos de Restricción del Tránsito, naturalmente. Me trasladaba de un clan a otro, estudiando el funcionamiento de cada grupo social, investigándolo todo, desde el régimen alimentario hasta los rituales de apareamiento. Constituyó una experiencia memorable. Siempre me ha atraído el trabajo que he realizado a partir de entonces, pero considero que esa ha sido la misión más fascinante de mi carrera.

—Antes todo era suyo. Luego llegaron los buques, cargados de colonos procedentes de Iberia y Galia, de Albión, Germania y los reinos tártaros, y poco a poco los primitivos se vieron despojados de sus tierras. Los aniquilamos y esclavizamos, y luego los agrupamos como si fueran ganado en las áridas y yermas tierras del otro lado de las provincias occidentales. Debe haber visto mucho resentimiento y amargura durante sus viajes.

—Menos de lo que usted cree. Después de cuatrocientos años de conflicto, la mayoría de las naciones estaban contentas de que reinara la paz.

—Eso fue hace más de diez años. Puede que ahora hayan reconsiderado su postura. Si yo estuviera en su lugar, me sentiría muy tentado de reconquistar las provincias occidentales. Allí la tierra es fértil. Los bosques están llenos de caza. Eso les haría la vida más fácil, más llevadera.

—Olvida usted que todas las naciones primitivas suscribieron los Decretos de Restricción del Tránsito. Ahora que las luchas han cesado, preferirían vivir en su propio mundo aparte, sin interferencias de la Confederación.

—Espero que esté en lo cierto, Graf, pero es mi deber proteger el bienestar de la Confederación. Ya se demuestren infundados o no, los rumores sobre Land han de ser investigados. Usted lo conoce, ha vivido un tiempo en los Territorios, y entre todos los funcionarios del Ministerio no creo que haya nadie más cualificado para llevar a cabo esta misión. No le ordeno que vaya, pero le estaría profundamente reconocido si aceptara. El futuro de la Confederación podría depender de ello.

—Me siento muy honrado por la confianza que deposita en mi persona, excelencia. Pero ¿y si no se me permite cruzar la frontera?

—Será usted portador de una carta mía dirigida personalmente al Coronel De Vega, el oficial al mando de la guarnición. No le gustará, pero no tendrá otro remedio. Una orden del Gobierno central debe cumplirse a toda costa.

—Pero si lo que acaba de decir es cierto, y Land se encuentra en los Territorios Distantes con cien hombres, nos hallamos ante una cuestión desconcertante, ¿no le parece?

—¿Qué cuestión?

—¿Cómo ha logrado pasar? Por lo que me han dicho, hay tropas acantonadas a lo largo de toda la frontera. Puedo concebir que una sola persona logre cruzar sus líneas sin ser vista, pero no un centenar de hombres. Si Land consiguió entrar, debió ser con conocimiento del Coronel De Vega.

—Puede que sí. Y puede que no. Es uno de los misterios que usted deberá resolver.

—¿Cuándo desea que salga para allá?

—En cuanto pueda. El Ministerio pondrá un carruaje a su disposición. Le facilitaremos pertrechos y nos encargaremos de todos los preparativos necesarios. Lo único que tendrá que llevar será la carta y la ropa que lleve puesta.

—Mañana por la mañana, entonces. Acabo de terminar mi informe bianual, y no tengo ningún otro asunto que despachar.

—Pase por el Ministerio a las nueve para recoger la carta. Lo estaré esperando en mi despacho.

—Entendido, excelencia. Mañana por la mañana, a las nueve.

En el momento en que Míster Blank llega al término de la conversación entre Graf y Joubert, empieza a sonar el teléfono, y una vez más se ve obligado a interrumpir la lectura del texto mecanografiado. Maldiciendo entre dientes mientras se levanta trabajosamente del sillón, cruza despacio la habitación hacia la mesilla de noche, renqueando y dolorido por el reciente contratiempo, y tan lento es su avance que no coge el teléfono hasta el séptimo tono de llamada, cuando antes iba tan ligero que pudo contestar al cuarto en la llamada de Flood.

¿Qué quiere usted?, pregunta ásperamente Míster Blank, sentándose de pronto en la cama con una aleteante sensación de mareo en el estómago.

Quiero saber si ha terminado la historia, contesta con calma una voz de hombre.

¿Historia? ¿Qué historia es esa?

La que ha estado leyendo. La historia sobre la Confederación.

No sabía que era una historia. Es más bien un informe, parece algo que hubiera pasado en realidad.

Pura fantasía, Míster Blank. Una obra de ficción.

Ah. Eso explica por qué no he oído nunca hablar de ese sitio. Soy consciente de que hoy no me anda muy bien la cabeza, pero supuse que encontraron el manuscrito de Graf años después de que lo hubiera escrito y más adelante lo pasaron a máquina.

Un error comprensible.

Un error estúpido.

No se preocupe por eso. Lo único que necesito saber es si la ha acabado o no.

Casi. Solo me quedan unas páginas. Si no me hubiera interrumpido usted con esta puñetera llamada, probablemente ya estaría llegando al final.

Estupendo. Me pasaré por ahí dentro de quince o veinte minutos, y entonces podremos empezar la consulta.

¿Consulta? ¿A qué se refiere?

Soy su médico, Míster Blank. Paso a verlo todos los días.

No recuerdo que tenga un médico.

Claro que no. Eso es porque el tratamiento está empezando a surtir efecto.

¿Tiene nombre mi médico?

Farr. Samuel Farr.

Farr... Hummm... Sí, Samuel Farr... No conocerá por casualidad a una mujer llamada Anna, ¿verdad?

Después hablaremos de eso. Por ahora, lo único que tiene que hacer es acabar la historia.

Vale, terminaré la historia. Pero cuando venga a mi habitación, ¿cómo sabré que es mi médico? ¿Y si es otra persona que se hace pasar por usted?

Tiene una fotografía en el escritorio. La duodécima empezando por arriba. Mírela bien, y cuando me vea, no tendrá dificultad alguna en reconocerme.

Ahora Míster Blank está sentado de nuevo en el sillón, inclinado sobre el escritorio. En vez de buscar en el montón de fotografías el retrato de Samuel Farr, tal como acaban de sugerirle, coge el cuaderno y el bolígrafo y añade otro nombre a la lista:

James P. Flood
Anna
David Zimmer
Peter Stillman, hijo
Peter Stillman, padre
Fanshawe
Hombre con casa
Samuel Farr

Dejando a un lado cuaderno y bolígrafo, coge inmediatamente el texto mecanografiado de la historia, olvidando por completo su intención de buscar la fotografía de Samuel Farr, igual que se le ha ido de la cabeza el asunto del armario que presuntamente hay en la habitación. Las últimas páginas del texto dicen lo siguiente:

El largo viaje a Ultima me dio tiempo de sobra para reflexionar sobre el carácter de mi misión. Los cocheros se relevaban a intervalos de trescientos cincuenta kilómetros, y como no tenía otra cosa que hacer que ir sentado en el carruaje y mirar el paisaje, una creciente sensación de terror se iba apoderando de mí a medida que nos acercábamos a nuestro destino. Ernesto Land había sido mi camarada e íntimo amigo, y me costaba un enorme esfuerzo aceptar el veredicto de Joubert de que se había convertido en un traidor a la causa que había defendido durante toda su vida. Permaneció en el ejército después de las Consolidaciones del 31, prosiguiendo su labor como oficial de los servicios de información bajo los auspicios del Ministerio de la Guerra, y siempre que venía a comer a casa con nosotros o nos encontrábamos él y yo para picar algo en alguna taberna de las proximidades del Paseo del Ministerio, hablaba con entusiasmo de la inevitable victoria de la Confederación, confiando en que todo aquello por lo que habíamos luchado y soñado desde muy jóvenes se haría finalmente realidad. Ahora, según los agentes de Joubert en Ultima, no solo había sobrevivido a la epidemia de cólera, sino que en realidad había fingido su muerte con objeto de desaparecer en las zonas inexploradas con un pequeño ejército contrario a la Confederación para fomentar la rebelión entre los primitivos. A juzgar por todo lo que yo sabía de él, se trataba de una acusación absurda y ridícula.

Land se había criado en la región agrícola de la Provincia de Tierra Vieja, al noroeste, la misma parte del mundo en que mi mujer, Beatrice, había nacido.

Habían jugado juntos de pequeños, y durante muchos años sus familias daban por sentado que acabarían casándose. Beatrice me confesó una vez que Ernesto había sido su primer amor, y que cuando más adelante él le volvió la espalda y se comprometió con Hortense Chatterton, hija de una acomodada familia de consignatarios de Mont Sublime, se sintió morir. Pero Beatrice era una chica fuerte, demasiado orgullosa para compartir su sufrimiento con nadie, y en una demostración de considerable valor y dignidad, acompañó a sus padres y a sus dos hermanos a la fastuosa celebración de la boda en la residencia de los Chatterton. Entonces fue cuando nos presentaron. Aquella primera noche me enamoré perdidamente de ella, pero solo después de un prolongado noviazgo de dieciocho meses aceptó ella mi proposición de matrimonio. Yo sabía que, a sus ojos, no podía competir con Land.

No era tan bien parecido ni tan inteligente como él, y Beatrice tardó un tiempo en comprender que mi firmeza de carácter y mi apasionada devoción por ella no eran cualidades menos importantes sobre las que construir una unión para toda la vida. Por mucho que yo admiraba a Land, también era consciente de sus defectos. Siempre había habido algo indómito y tumultuoso en él, una obstinada certeza de su propia superioridad con respecto a los demás, y pese a su encanto y persuasión, esa innata facultad suya para llamar la atención sobre sí mismo dondequiera que se encontrara, también se percibía una incurable vanidad siempre acechante bajo la superficie. Su matrimonio con Hortense Chatterton resultó un fracaso. Land le fue infiel casi desde el principio, y cuando ella murió al dar a luz cuatro años después, él se recuperó rápidamente de su pérdida. Cumplió todos los rituales del luto y dio las imprescindibles muestras de dolor, pero en el fondo yo notaba que sentía más alivio que desconsuelo. Después empezamos a verlo bastante a menudo, con mayor frecuencia que en los primeros años de nuestro matrimonio. Hay que reconocer que tenía mucho afecto a nuestra pequeña hija, Marta, y siempre le traía regalos cuando venía a casa, profesándole tal cariño que la niña llegó a considerarlo como una figura heroica, el hombre más grandioso que jamás había pisado la Tierra. Land se comportaba con el mayor decoro siempre que estaba con nosotros, pero ¿cómo se me podía reprochar que a veces me preguntara si el ardor que había consumido en otro tiempo el alma de mi mujer se había extinguido del todo? Nunca pasó nada que hubiera de lamentarse —ni palabras, ni miradas entre ellos que pudieran despertar mis celos—, pero tras la epidemia de cólera en la que presuntamente murieron los dos, ¿cómo podía yo interpretar el hecho de que, según ciertos informes, Land estaba vivo y de que, a pesar de mis diligentes esfuerzos por conocer la suerte de Beatrice, no había descubierto a un solo testigo que la hubiera visto en la capital durante la peste? De no haber sido por mi desastroso encontronazo con Giles McNaughton, suscitado por desagradables insinuaciones sobre mi mujer, parecía dudoso que me hubiera atormentado con tan funestas sospechas en mi viaje a Ultima. Pero ¿y si Beatrice y Marta hubieran huido con Land mientras yo recorría las Comunidades Independientes de la Provincia de Tierra Blanca? Parecía inverosímil, pero tal como Joubert había dicho la noche anterior a mi marcha, nada era imposible, y en el mundo entero nadie podía saberlo mejor que yo.

Las ruedas del carruaje continuaron girando, y cuando llegamos a los alrededores de Wallingham, a mitad de camino, caí en la cuenta de que me iba aproximando a un doble horror. Si Land había traicionado a la Confederación, las instrucciones del Ministro eran que debía detenerlo y conducirlo de vuelta a la capital cargado de cadenas. Esa idea ya era bastante truculenta de por sí, pero en caso de que mi amigo me hubiera traicionado a mí también, arrebatándome a mi mujer y a mi hija, entonces no tendría más remedio que matarlo. De eso estaba seguro, independientemente de cuáles fueran las consecuencias. Que Dios me perdonara por pensar algo así, pero por el bien de Ernesto y por el mío propio, rogaba que Beatrice estuviera muerta.

Míster Blank arroja el texto mecanografiado sobre la mesa, dando un resoplido de menosprecio y decepción, furioso porque lo han obligado a leer un relato sin final, una obra inacabada que apenas ha empezado, un puro y simple fragmento. Una auténtica porquería, joder, exclama en voz alta, y entonces, dando un giro de ciento ochenta grados al sillón, se da impulso hacia el cuarto de baño. Tiene sed. Como no hay nada de beber a la vista, la única solución consiste en ponerse un vaso de agua del grifo del lavabo. Se levanta de la butaca, abre la puerta y se dirige al lavabo arrastrando los pies, sin dejar de lamentar por un momento el haber perdido tanto tiempo con esa historia tan mal concebida. Bebe un vaso de agua, y luego otro, apoyándose con la mano izquierda en el lavabo para mantener el equilibrio mientras mira con aire desolado la ropa sucia tirada en la bañera. Y ya que se encuentra ahora en el cuarto de baño, se pregunta si no debería mear otra vez, solo para no correr riesgos. Preocupado por la posibilidad de volverse a caer si permanece mucho tiempo en pie, deja que los pantalones del pijama se le bajen hasta los tobillos y se sienta en la taza del retrete. Como una mujer, dice para sus adentros, súbitamente divertido por la idea de lo diferente que habría sido su vida de no haber nacido hombre. Tras el incidente de hace poco, la vejiga no tiene mucho que decir, pero al final consigue soltar unos insignificantes chorritos. Se sube los pantalones del pijama al tiempo que se incorpora trabajosamente, tira luego de la cadena, se enjuaga las manos en el lavabo, se seca con la toalla, da media vuelta y abre la puerta: se encuentra entonces con un hombre plantado en medio de la habitación. Otra oportunidad perdida, dice Míster Blank para sí, consciente de que el sonido de la cisterna debe haber sofocado los ruidos que el desconocido ha hecho al entrar, dejando así sin respuesta la cuestión de si la puerta está cerrada por fuera o no.

Míster Blank se sienta en el sillón y, bruscamente, da media vuelta para observar al recién llegado, un hombre alto de unos treinta y cinco años, con vaqueros y una camisa roja con botones en el cuello abierto. Moreno, ojos negros y rostro descarnado con aspecto de no haber sonreído en años. Pero en cuanto Míster Blank hace esa observación, el desconocido le sonríe y dice:

Hola, Míster Blank. ¿Cómo se encuentra hoy?

¿Lo conozco a usted?, pregunta a su vez Míster Blank.

¿No ha mirado la fotografía?, replica el recién llegado.

¿Qué fotografía?

La que tiene en el escritorio. La duodécima contando desde arriba del montón. ¿Recuerda?

Ah, esa. Sí. Creo que sí. Tenía que mirarla, ¿verdad?

¿Y entonces?

Se me ha olvidado. He estado ocupado, leyendo esa absurda historia.

No importa, dice el visitante, dándose la vuelta y dirigiéndose al escritorio, donde mira entre el montón de fotografías hasta encontrar la que busca. Entonces, tras poner las demás sobre el escritorio, se acerca a Míster Blank con ella en la mano.

¿Ve usted, Míster Blank?, dice el recién llegado. Ese soy yo.

Usted debe ser el médico, entonces, dice Míster Blank. Samuel..., Samuel no sé qué más.

Farr.

Eso es. Samuel Farr. Ahora recuerdo. Usted tiene algo que ver con Anna, ¿no es así?

Tuve algo que ver. Pero eso fue hace mucho tiempo.

Sujetándola firmemente con ambas manos, Míster Blank se lleva la fotografía a la altura de los ojos, y luego la examina durante sus buenos veinte segundos. Farr, con un aspecto muy semejante al que tiene ahora, está sentado en un jardín vestido con una bata blanca de médico y lleva un cigarrillo encendido entre el dedo índice y el corazón de la mano izquierda.

No lo entiendo, dice Míster Blank, súbitamente acosado por un nuevo ataque de angustia que lo quema en el pecho como una brasa ardiente y le contrae el estómago hasta reducirlo a un puño.

¿Le ocurre algo?, pregunta Farr. Me parezco mucho, ¿verdad?

Está exactamente igual. Puede que ahora tenga un par de años más, pero no cabe duda de que el hombre de la fotografía es usted.

¿Y dónde está el problema?

En que es usted muy joven, simplemente, dice Míster Blank con voz trémula, conteniendo a duras penas las lágrimas que se le agolpan en los ojos. Anna también es joven, en su foto. Pero me dijo que se la hicieron hace más de treinta años. Ya no es ninguna niña. Tiene el pelo entrecano, su marido ha muerto, y con el tiempo se va haciendo vieja. Pero usted no, Farr. Usted estuvo con ella. Fue con ella a ese horrible país adonde la envié, pero eso fue hace más de treinta años, y usted no ha cambiado para nada.

Farr vacila, claramente indeciso sobre la respuesta que debe dar a Míster Blank. Se sienta al borde de la cama, apoya la palma de las manos en las rodillas y mira fijamente al suelo, adoptando inadvertidamente la misma postura en que descubrimos al anciano al comienzo del presente informe. Sigue un largo momento de silencio. Al fin dice, alzando apenas la voz: No estoy autorizado a hablar de eso.

Míster Blank lo mira, horrorizado.

¡Quiere decir que está muerto!, exclama. Es eso, ¿verdad? Usted no lo consiguió. Anna sobrevivió, pero usted no.

Farr levanta la cabeza y sonríe.

¿Parezco un muerto, Míster Blank?, pregunta. Todos atravesamos malos momentos, desde luego, pero estoy tan vivo como usted, créame.

Bueno, ¿y quién sabe si yo estoy vivo o no?, inquiere Míster Blank, clavando en Farr una mirada siniestra. A lo mejor estoy muerto, también yo. Por las cosas que me han estado pasando esta mañana, no me extrañaría nada. El *tratamiento*, sin ir más lejos. Probablemente no es más que un sinónimo de muerte.

Ya no se acuerda, dice Farr, levantándose de la cama y quitando a Míster Blank la fotografía de las manos, pero todo esto fue idea suya. Solo hacemos lo que usted nos pidió que hiciéramos.

Gilipolleces. Quiero ver a un abogado. Él me sacará de aquí. Tengo mis derechos, ¿sabe usted?

Eso puede arreglarse, contesta Farr, llevando de nuevo la fotografía al escritorio, donde vuelve a colocarla dentro del montón. Si quiere, diré que pase alguien a verlo esta tarde.

Bien, murmura Míster Blank, un tanto sorprendido por la actitud solícita y acomodaticia de Farr. Eso está mejor.

Echando una ojeada a su reloj, Farr vuelve del escritorio y una vez más se sienta al borde de la cama frente a Míster Blank, que sigue en el sillón junto a la puerta del cuarto de baño.

Se está haciendo tarde, dice el joven. Tenemos que empezar nuestra charla.

¿Charla? ¿Qué clase de charla?

La consulta.

Entiendo esa palabra, pero no tengo la menor idea de lo que quiere usted decir con ella.

Tenemos que comentar la historia.

¿Con qué objeto? Solo es el comienzo de un relato, y, por lo que yo sé, toda narración debe tener principio, nudo y desenlace.

No podría estar más de acuerdo con usted.

A propósito, ¿quién es el autor de esa mamarrachada? A ese hijoputa habría que llevarlo al paredón y fusilarlo.

Un tal John Trause. ¿Ha oído hablar de él?

Trause... Hummm... Puede ser. Era escritor, ¿verdad? Tengo las ideas un poco embarulladas, pero creo que he leído varias novelas suyas.

Pues claro que sí. No le quepa la menor duda.

Entonces, ¿por qué no me ha dado una para que la leyera, en lugar de ese relato ridículo, sin terminar y sin título?

Trause lo terminó. El manuscrito tiene un total de ciento diez páginas, y lo redactó a principios de los años cincuenta, al comienzo de su actividad como novelista. Puede que a usted no le parezca gran cosa, pero está bastante bien para un chaval de veintitrés o veinticuatro años.

No entiendo. ¿Por qué no me deja ver el resto del relato?

Porque forma parte del tratamiento, Míster Blank. No hemos puesto todos esos papeles en el escritorio solo para que se divierta usted. Están ahí por una razón.

¿Como cuál?

Para poner a prueba sus reflejos, en primer lugar.

¿Mis reflejos? ¿Qué tienen que ver en todo esto?

Reflejos mentales. Reflejos emocionales.

¿Y qué más?

Lo que quiero es que me cuente usted el resto de la historia. Empezando justo por donde dejó de leer, dígame lo que cree que va a pasar ahora, desde ahí hasta el último párrafo, hasta la última palabra. Ya conoce el principio. Ahora quiero que me cuente el nudo y el desenlace.

¿Qué es esto, una especie de juego de salón?

Si quiere llamarlo así. Yo preferiría considerarlo un ejercicio de razonamiento imaginativo.

Bonita expresión, doctor. *Razonamiento imaginativo.* ¿Desde cuándo tiene la imaginación algo que ver con la razón?

Desde ahora mismo, Míster Blank. Desde el momento en que empiece usted a contarme el resto de la historia.

De acuerdo. Me parece que no tengo nada mejor que hacer, ¿o sí? Así me gusta.

Míster Blank cierra los ojos para concentrarse en la tarea que le han encomendado, pero el hecho de borrar de su vista la habitación y el entorno inmediato tiene la alarmante consecuencia de evocar el cortejo de personajes imaginarios que han desfilado por su cabeza en momentos anteriores de la presente narración. Siente un estremecimiento ante la horrenda visión, y un instante después vuelve a abrir los ojos para hacerla desaparecer.

¿Qué le pasa?, pregunta Farr, con una expresión de inquietud en el rostro.

Los puñeteros espectros, contesta Míster Blank. Han vuelto.

¿Espectros?

Mis víctimas. Todos aquellos a quienes he hecho sufrir a lo largo de los años. Ahora me persiguen para cumplir su venganza.

Procure tener los ojos abiertos, Míster Blank, y así no los verá. Tenemos que seguir con la historia.

Muy bien, de acuerdo, dice Míster Blank, compadeciéndose de sí mismo y exhalando un hondo suspiro. Espere un momento.

¿Por qué no me dice lo que le parece la Confederación? Eso lo ayudaría a empezar.

La Confederación... Con-fe-de-ra-ción... No tiene vuelta de hoja, ¿verdad? Es Norteamérica con otro nombre. No Estados Unidos tal como lo conocemos, sino un país que ha evolucionado de otra manera, que tiene una historia diferente. Pero los árboles, las montañas y llanuras de ese país están exactamente en el mismo sitio que en el nuestro. Los ríos y los mares son idénticos. Las personas caminan sobre dos piernas, ven con dos ojos y dicen dos cosas distintas a la vez.

Muy bien. Y, ahora, ¿qué le ocurre a Graf cuando llega a Ultima?

Va a ver al Coronel con la carta de Joubert, pero De Vega la desdeña como si fuera un asunto pueril, porque en realidad él también toma parte en la conjura con Land. Graf le recuerda que está obligado a cumplir las disposiciones de un miembro del Gobierno central, pero el Coronel replica que él trabaja para el Ministerio de la Guerra, y que tiene órdenes estrictas de que se respeten los Decretos de Restricción del Tránsito. Graf menciona los rumores sobre Land y los cien soldados que han penetrado en los Territorios Distantes, pero De Vega simula no saber nada de eso. Graf no tiene entonces más remedio que escribir al Ministerio de la Guerra y pedir una exención para eludir los Decretos. Muy bien, dice De Vega, pero una carta tarda seis semanas en llegar a la capital y volver, ¿y qué va a hacer usted mientras tanto? Visitar los lugares de interés de Ultima y esperar a que llegue la respuesta, contesta Graf, sabiendo perfectamente bien que el Coronel nunca permitirá que su carta salga en el correo, que será interceptada en cuanto intente enviarla.

¿Por qué participa De Vega en la conspiración? Por lo que puedo deducir, parece un militar leal.

Y lo es. Como también lo es Ernesto Land con sus cien hombres en los Territorios Distantes.

No lo entiendo.

La Confederación es un Estado frágil, recién constituido y compuesto de colonias y principados que antes eran independientes, y para fortalecer ese tenue vínculo, ¿qué mejor manera de unir a la población que inventar un enemigo común y declarar una guerra? En este caso, se han decidido por los primitivos. Land es un agente doble enviado a los Territorios para incitar a las tribus a la rebelión. No se diferencia mucho de lo que nosotros hicimos con los indios después de la guerra de Secesión. Soliviantar a los nativos para luego aniquilarlos.

Pero ¿cómo sabe Graf que De Vega también está metido en todo eso?

Porque el Coronel no le ha hecho preguntas. Al menos tendría que haber aparentado cierta curiosidad. Y además está el hecho de que tanto Land como De Vega trabajan para el Ministerio de la Guerra. Joubert y sus subordinados del Ministerio de la Gobernación no saben nada de la conjura, por supuesto, pero eso es completamente normal. Los organismos gubernamentales no suelen compartir sus secretos.

¿Y entonces?

Joubert ha dado a Graf el nombre de tres agentes, espías que trabajan para el Ministerio en Ultima. Ninguno de ellos conoce la existencia de los demás, pero en conjunto constituyen la fuente de donde Joubert extrae sus informaciones sobre Land. En cuanto acaba de hablar con el Coronel, Graf sale en su busca. Pero descubre que, como suele decirse, a los tres los han enviado con la música a otra parte. Vamos a ponerles nombre. Siempre es más interesante cuando podemos llamar a los personajes por su nombre. El capitán..., hummm... El teniente coronel Jacques Dupin fue transferido dos meses antes a un puesto en el sistema montañoso central. El doctor Carlos... Woburn... se marchó de la ciudad en junio para ofrecer sus servicios como voluntario en el norte, donde se había declarado un brote de viruela. Y Declan Bray, el barbero más próspero de Ultima, murió por envenenamiento alimentario a principios de agosto. Resulta imposible saber si su muerte fue accidental o provocada, pero ahí tenemos al pobre Graf, completamente aislado ahora del Ministerio, sin un simple aliado ni nadie en quien confiar, absolutamente solo en aquel sombrío e inhóspito rincón de la Tierra.

Muy bien. Lo de los nombres ha sido buena idea, Míster Blank.

Tengo la imaginación completamente desbocada. En toda la mañana no me he sentido tan lleno de energía.

Supongo que es difícil sustraerse a la fuerza de la costumbre.

¿Qué quiere decir con eso?

Nada. Solo que se encuentra en buena forma, que empieza a recuperarse. ¿Qué ocurre a continuación?

Graf se queda en Ultima más de un mes, intentando encontrar el modo de cruzar a los Territorios. Porque no puede ir a pie, al fin y al cabo. Necesita un caballo, un rifle, provisiones, y quizá una mula también. Entretanto, sin otra cosa que hacer en todo el día, se ve envuelto en la vida social de Ultima: en la poca que existe en la ciudad, considerando que no es más que una pequeña y sórdida plaza fuerte en una región perdida del mundo. Y es nada menos que el hipócrita De Vega quien le da las mayores muestras de amistad. Lo invita a cenas protocolarias: largas y aburridas sesiones a las que asisten insulsos oficiales del ejército, funcionarios municipales, miembros de la burguesía comerciante, todos ellos acompañados de sus mujeres, sus amigas, etcétera; lo lleva a los mejores burdeles, e incluso sale a cazar con él un par de veces. Y luego está la amante del Coronel..., Carlotta..., Carlotta Hauptmann..., una mujer sensual y libertina, la proverbial viuda cachonda, cuya principal ocupación en la vida consiste en follar y jugar a las cartas. El Coronel está casado, por supuesto, casado y con dos hijos, y como solo puede visitar a Carlotta un par de veces a la semana, ella está disponible para darse un revolcón con el primero que llegue. Graf no tarda mucho en iniciar una aventura con ella. Una noche, cuando están juntos en la cama, Graf la interroga sobre Land, y Carlotta confirma los rumores. Sí, le dice, Land y sus hombres cruzaron a los Territorios hace poco más de un año. ¿Por qué le cuenta eso? Sus motivos no están del todo claros. Quizá se ha encaprichado con Graf y quiere ayudarlo, o tal vez el Coronel la ha incitado a hacerlo por razones que solo él conoce.

Esta parte tiene que tratarse con delicadeza. El lector jamás podrá estar seguro de si Carlotta le está tendiendo una trampa o es que simplemente le gusta hablar demasiado. No hay que olvidar que se trata de Ultima, el más deprimente reducto militar de la Confederación, donde los encuentros sexuales, el juego y los chismorreos constituyen la única diversión al alcance de la mano.

¿Cómo se las arregla Graf para cruzar la frontera?

Pues no sé. Pagando algún soborno, probablemente. En realidad da lo mismo. Lo importante es que cruza una noche, y entonces empieza la segunda parte de la historia. Ahora estamos en el desierto. Desolación por todas partes, un implacable cielo azul, una luz despiadada que cae a plomo, y luego, al ponerse el sol, un frío que penetra hasta la médula de los huesos. Graf cabalga en dirección oeste durante varios días, montado en un caballo zaino que atiende al nombre de *Whitey*, así llamado por una mancha blanca que salpica el entrecejo del animal, y como Graf conoce bien el terreno por sus viajes de doce años antes, se dirige al encuentro de los gangis, la tribu con quien mejor se entendió en su primera estancia y la más pacífica entre todos los pueblos primitivos. A última hora de una mañana, se acerca finalmente a un campamento gangi, una pequeña aldea de quince o veinte cabañas, lo que supondría una población de entre setenta y cien personas. Cuando se encuentra a unos treinta metros del límite del poblado, grita un saludo en el dialecto gangi de la región para comunicar su llegada a los habitantes; pero nadie responde. Con creciente alarma, Graf acelera el paso del caballo y entra al trote en el centro de la aldea, donde no se percibe ni rastro de vida humana. Desmonta, se dirige a una de las cabañas y aparta a un lado la piel de búfalo que sirve de puerta a la pequeña vivienda. Nada más entrar, siente el insoportable olor de la muerte, el nauseabundo hedor de los cuerpos en descomposición, y allí, a la tenue luz de la cabaña, ve una docena de cadáveres —hombres, mujeres y niños gangis—, todos abatidos a sangre fría. Sale dando tumbos al aire libre, tapándose la nariz con un pañuelo, y entonces empieza a inspeccionar una por una las demás cabañas de la aldea. Están todos muertos, hasta el último habitante, y entre ellos Graf reconoce a varias personas con las que entabló amistad doce años antes. Las niñas que se habían convertido en mujeres jóvenes, los niños que desde entonces se habían hecho hombres, los padres que ahora eran abuelos, y ni uno solo respiraba ya, ni uno solo envejecería un día más durante el resto de los tiempos.

¿Quiénes son los autores de la matanza? ¿Land y sus hombres?

Paciencia, doctor. No hay que precipitar las cosas.

Estamos hablando de muerte y brutalidad, del asesinato de inocentes, y Graf aún no se ha recuperado de la conmoción de su hallazgo. No está en condiciones de asimilar lo ocurrido, pero aunque lo estuviera, ¿por qué iba a pensar que Land tenía algo que ver con todo aquello? Su misión parte de la hipótesis de que su antiguo amigo trata de desencadenar una rebelión, de crear un ejército de primitivos para invadir las provincias occidentales de la Confederación. Y un ejército de muertos no sirve de mucho para el combate, ¿verdad? Lo último que se le ocurriría a Graf es que Land ha asesinado a sus futuros soldados.

Lo lamento. No le interrumpiré más.

Interrumpa todo lo que quiera. Estamos metidos en una historia complicada, y no todo es siempre lo que parece. Tomemos las tropas de Land, por ejemplo. No tienen ni idea de cuál es su verdadera misión, ni de que Land es un agente doble que trabaja para el Ministerio de la Guerra. Son un puñado de soñadores que han recibido buena educación, extremistas políticos contrarios a la Confederación, y cuando Land los recluta para que lo sigan a los Territorios Distantes, no dudan de su palabra y suponen que van a ayudar a los primitivos a anexionar las provincias occidentales.

¿Llega Graf a encontrar a Land?

Tiene que encontrarlo. De otro modo, no habría

historia que contar. Pero eso no ocurre hasta más adelante, pasadas ya varias semanas o unos meses. Un par de días después de que Graf salga de la aniquilada aldea gangi, se encuentra con uno de los hombres de Land, un soldado delirante que deambula por el desierto sin comida, ni agua ni caballo. Graf intenta ayudarlo, pero ya es demasiado tarde, y el muchacho solo aguanta unas cuantas horas más. Antes de exhalar el último suspiro, en un torrencial murmullo apenas coherente le dice a Graf que todo el mundo ha muerto, que no han tenido ocasión de reaccionar, que todo ha sido un engaño desde el principio. Graf no entiende nada. ¿Qué quiere decir con *todo el mundo*? ¿Se refiere a Land y sus tropas? ¿A los gangis? ¿A otros pueblos primitivos? El muchacho no contesta; y esa tarde, antes de ponerse el sol, pasa a mejor vida. Graf lo entierra y sigue adelante, y dos días después se encuentra con otra aldea gangi llena de cadáveres. Ya no sabe lo que pensar. ¿Y si, después de todo, es Land el autor de esas muertes? ¿Y si el rumor de una insurrección no es más que una tapadera para ocultar una empresa mucho más siniestra: una discreta matanza de primitivos que permitiría al Gobierno abrir su territorio al asentamiento blanco, ampliar el ámbito de la Confederación hasta las orillas del mar occidental? Y, sin embargo, ¿cómo puede realizarse semejante cosa con un ejército tan poco numeroso? ¿Cien hombres para exterminar a decenas de miles? No parece posible, pero entonces, si Land no tiene nada que ver con ello, la única explicación es que los gangis han muerto a manos de otra tribu, que los primitivos están enfrentados en una guerra interna.

Míster Blank se dispone a continuar, pero antes de que salga otra palabra de sus labios, el doctor y él oyen que alguien llama a la puerta. Por muy enfrascado que esté en la elaboración de la historia, y pese al alborozo que siente al inventar su versión de los remotos e imaginarios acontecimientos, Míster Blank comprende enseguida que es el momento que ha estado esperando: el misterio de la puerta está a punto de resolverse al fin. Tras oír la llamada, Farr vuelve la cabeza en la dirección del sonido. Adelante, dice, y de pronto se abre la puerta y entra una mujer empujando un carrito de acero inoxidable, quizá el mismo que Anna ha utilizado antes, o tal vez otro idéntico a ese. Por una vez, está prestando atención, y tiene la certeza de no haber oído ninguna cerradura, nada que se parezca al ruido de un cerrojo, un pestillo o una llave; lo que supondría, en principio, que la puerta no estaba cerrada, sino abierta desde siempre, todo el tiempo. O eso se figura Míster Blank, que empieza a regocijarse ante la idea de que es libre para entrar y salir a voluntad, pero un momento después piensa que las cosas quizá no sean tan sencillas como parecen. Podría ser que el doctor Farr se olvidara de cerrar la puerta al entrar. O, aún más probable, que no se molestara en cerrarla, sabiendo que no le sería difícil dominar a Míster Blank si el prisionero intentaba escapar. Sí, dice el anciano para sus adentros, eso es lo más lógico. Y más pesimista que otra cosa sobre sus perspectivas de futuro, se resigna una vez más a vivir en un estado de perpetua incertidumbre.

Hola, Sam, dice la mujer. Siento interrumpirte de esta manera, pero es la hora del almuerzo de Míster Blank.

Qué hay, Sophie, contesta Farr, echando una mirada a su reloj al tiempo que se levanta de la cama. No me he dado cuenta de que era tan tarde.

¿Y ahora qué pasa?, inquiere Míster Blank, aporreando el brazo del sillón y hablando en un tono cargado de impaciencia. Quiero seguir contando la historia.

Hemos agotado el tiempo, contesta Farr. La consulta ha terminado por hoy.

¡Pero si no he acabado!, grita el anciano. ¡No he llegado al final!

Lo sé, replica Farr, pero estamos trabajando con un margen de tiempo muy estrecho, y no podemos hacer otra cosa. Mañana seguiremos con la historia.

¿Mañana?, ruge Míster Blank, tan incrédulo como confuso. Pero ¿qué está diciendo? Mañana no recordaré ni una palabra de lo que he dicho hoy. Y usted lo sabe. Lo sé hasta yo, que no sé ni por dónde ando.

Farr se le acerca y le da una palmadita en el hombro, el clásico gesto de apaciguamiento de alguien experimentado en el sutil arte de tratar a los pacientes.

De acuerdo, le dice, veré lo que puedo hacer. Primero tengo que pedir autorización, pero si quiere que vuelva esta tarde, quizá pueda arreglarlo. ¿Conforme?

Conforme, murmura Míster Blank, un tanto apaciguado por la amabilidad y el interés de la respuesta de Farr.

Bueno, entonces me voy, anuncia el doctor. Hasta luego.

Sin pronunciar una palabra más, se despide con un gesto de Míster Blank y la mujer llamada Sophie, se encamina a la puerta, la abre, cruza el umbral y cierra al salir. El anciano oye el chasquido metálico del pestillo, pero nada más. No suena ningún cerrojo, ni llave alguna, y se pregunta ahora si no habrá algún dispositivo que bloquee automáticamente la puerta en cuanto se cierra.

Entretanto, tras llevar el carrito de acero inoxidable junto a la cama, la mujer llamada Sophie ha ido pasando los diversos platos del almuerzo del estante inferior a la bandeja de arriba. Míster Blank observa que hay cuatro platos en total, cubiertos con una tapadera redonda con un agujero en medio. Al ver las tapas metálicas, piensa de pronto en el servicio de habitaciones, y entonces se pregunta cuántas noches habrá dormido en hoteles a lo largo de toda su vida. Innumerables, oye que declara una voz en su interior, una voz que no es la suya, o que al menos no reconoce como suya, pero como habla con tal autoridad y convicción, piensa que debe decir la verdad. Si es así, concluye, entonces es que se ha pasado la vida yendo de un sitio para otro, viajando en coche, en tren y en avión, y por supuesto, añade para sí, en avión ha recorrido el mundo entero, visitando diversos continentes y muchos países, y sin duda esos desplazamientos han tenido algo que ver con las misiones a las que ha enviado a esa pobre gente que tanto ha sufrido por su causa, y esa es seguramente la razón por la cual se encuentra ahora confinado en la habitación, sin poder viajar a parte alguna, encerrado entre cuatro paredes como castigo por el grave perjuicio que ha ocasionado a otras personas.

Esa fugaz ensoñación queda truncada por el sonido de una voz femenina.

¿Quiere almorzar ya?, le pregunta la mujer, y cuando levanta la cabeza para mirarla, Míster Blank se da cuenta de que se le ha olvidado cómo se llama. Tiene unos cuarenta y ocho o cincuenta años, y aunque su rostro le parece delicado y atractivo, es demasiado llenita y achaparrada para que se la pueda catalogar como mujer ideal. Cabe observar, a propósito, que su atuendo es idéntico al que Anna llevaba horas antes.

¿Dónde está mi Anna?, pregunta Míster Blank. Creía que era ella quien se ocupaba de mí.

Y así es, contesta la mujer. Pero en el último momento ha tenido que hacer un recado, y me ha pedido que la sustituyera.

¡Qué horror!, exclama Míster Blank, en un tono de profunda tristeza. No tengo nada contra usted, naturalmente, quienquiera que sea, pero hace horas que espero volver a verla. Esa mujer lo es todo para mí. No puedo vivir sin ella.

Lo sé, dice la mujer. Todos lo sabemos. Pero —y entonces le dirige una amable sonrisa— ¿qué puedo hacer yo para remediarlo? Me temo que tendrá que arreglárselas conmigo.

Por desgracia, suspira Míster Blank. Sé que tiene usted buena intención, pero no voy a disimular el chasco que me he llevado.

No hay nada que disimular. Tiene usted derecho a sus propios sentimientos, Míster Blank. No es culpa suya.

Ya que tenemos que arreglárnoslas el uno con el

otro, según sugiere usted, supongo que debería decirme cómo se llama.

Sophie.

Ah. Muy bien. Sophie... Un nombre muy bonito. Y empieza con la letra *S*, ¿verdad?

Eso parece.

Haga memoria, Sophie. ¿No es usted la niña que besé a la orilla del estanque cuando tenía diez años? Acabábamos de patinar, nos habíamos sentado en un tronco de árbol, y entonces la besé. Lamentablemente, no me devolvió el beso. Se echó a reír.

No puedo haber sido yo. Cuando usted tenía diez años, yo no había nacido aún.

¿Soy tan viejo?

Viejo no, exactamente. Pero sí mucho mayor que yo.

De acuerdo. Si no es esa Sophie, ¿qué Sophie es usted?

En lugar de contestarle, la Sophie que no es la niña a quien Míster Blank besó a los diez años se dirige al escritorio, rebusca entre el montón de fotografías, saca una y se la enseña.

Esta soy yo, anuncia. Tal cual era hace veinticinco años.

Acérquese más, le pide Míster Blank. Está usted muy lejos.

Unos segundos después, Míster Blank tiene la

fotografía entre las manos. Resulta que es la foto que tan atentamente ha examinado horas antes: la de la joven que acaba de abrir la puerta de lo que parece un apartamento en Nueva York.

Entonces era mucho más delgada, observa él.

La madurez, Míster Blank. En esa época ocurren cosas raras en el cuerpo de las chicas.

Dígame, dice el anciano, dando a la foto unos golpecitos con el dedo índice. ¿Qué está pasando aquí? ¿Quién es la persona que está en la entrada, y por qué tiene usted esa expresión? Recelosa, en cierto modo, pero contenta al mismo tiempo. De lo contrario, no estaría sonriendo.

Sophie se pone en cuclillas junto a Míster Blank, que sigue sentado en el sillón, y estudia la foto en silencio durante unos momentos.

Es mi segundo marido, explica ella, y creo que era la segunda vez que venía a verme. La primera vez le abrí la puerta con mi niño en brazos, me acuerdo muy bien; de manera que esta debe ser la segunda.

¿Por qué tan recelosa?

Porque no estaba segura de lo que sentía por mí.

¿Y la sonrisa?

Sonreía porque me alegraba de verlo.

Su segundo marido, dice usted. ¿Y qué pasó con el primero? ¿Quién era?

Se llamaba Fanshawe.

Fanshawe..., Fanshawe..., murmura Míster Blank para sí. Creo que por fin estamos llegando a alguna parte.

Con Sophie aún en cuclillas junto a él, y la fotografía en blanco y negro de cuando era joven sobre las piernas, Míster Blank impulsa bruscamente el sillón con los pies y, desplazándose con la mayor rapidez de que es capaz, se dirige al escritorio. En cuanto llega, deja la fotografía encima del retrato de Anna, coge el cuadernito y lo abre por la primera hoja. Recorriendo la lista de nombres con el dedo, se detiene al llegar a *Fanshawe* y entonces da media vuelta para mirar a Sophie, que ya se ha incorporado y se dirige despacio hacia él.

Ajá, dice Míster Blank, dando unos golpecitos en el cuaderno con el dedo. Lo sabía. Fanshawe está implicado en todo esto, ¿no es verdad?

No sé lo que quiere decir, contesta Sophie, deteniéndose a los pies de la cama para luego sentarse más o menos en el mismo sitio que antes ha ocupado James P. Flood. Pues claro que está implicado. Todos estamos metidos en esto, Míster Blank. Creía que lo había entendido.

Confuso por su respuesta, el anciano, sin embargo, hace un esfuerzo para no perder el hilo de sus ideas.

¿Ha oído hablar de un tal Flood? James P. Flood.

Un inglés. Antiguo policía. Habla con acento del este de Londres.

¿No le parece que debería comer ya?, sugiere Sophie. El almuerzo se le está quedando frío.

Enseguida voy, replica bruscamente el anciano, molesto porque Sophie haya cambiado de tema. Espere un momento. Antes de hablar del almuerzo, quiero que me diga todo lo que sabe acerca de Flood.

No sé nada. Me han dicho que ha venido esta mañana, pero yo no lo conozco.

Pero su marido..., su primer marido, quiero decir..., ese tal Fanshawe... Escribía libros, ¿no es cierto? En uno de ellos, que se titulaba..., joder..., no me acuerdo del título. *El país...*, *El país...* de no sé qué...

El país del ensueño.

Eso es. *El país del ensueño.* Flood era uno de los personajes de esa novela, y en un capítulo..., el treinta creo que era, o quizá fuese el séptimo, Flood tiene un sueño.

No lo recuerdo, Míster Blank.

¿Me está diciendo que no ha leído la novela de su marido?

No, la he leído. Pero fue hace mucho tiempo, y no he vuelto a tenerla en las manos desde entonces. Puede que usted no lo entienda, pero por mi propia tranquilidad he tomado la inteligente decisión de no pensar en Fanshawe ni en su obra.

¿Cómo se deshizo su matrimonio? ¿Se divorciaron? ¿Es que murió su marido?

Cuando me casé con él yo era muy joven. Vivimos unos años juntos, me quedé embarazada y entonces se marchó.

¿Ocurrió algo, o la dejó sin motivo alguno?

No había motivo.

Ese hombre debía estar loco. Abandonar a una chica tan guapa como usted.

Fanshawe era una persona con multitud de problemas. Poseía espléndidas cualidades, cosas verdaderamente admirables, pero en el fondo quería destruirse a sí mismo, y al final lo consiguió. Se volvió contra mí, abjuró de su trabajo, renunció luego a la vida que llevaba y desapareció.

Su trabajo. ¿Quiere decir que dejó de escribir?

Sí. Lo dejó todo. Poseía un gran talento, Míster Blank, pero le dio por despreciar ese aspecto de su personalidad, y un día simplemente rompió con todo, abandonó.

Fue culpa mía, ¿verdad?

Yo no diría tanto. Usted tuvo su parte en todo ello, desde luego, pero solo hizo lo que tenía que hacer.

¿No me odia usted?

No, no lo odio. Lo pasé mal durante una temporada, pero luego todo empezó a salirme bien. Me volví a casar, no lo olvide, y fue una buena boda, resultó un matrimonio largo y feliz. Y además tengo a mis dos chicos, Ben y Paul. Ya son hombres hechos y derechos. Ben es médico y Paul estudia antropología. Lo que no está nada mal, aunque sea yo quien lo diga. Espero que llegue usted a conocerlos algún día. Creo que se sentirá orgulloso.

Sophie y Míster Blank están ahora sentados al borde de la cama, uno junto a otro, frente al carrito de acero inoxidable con los platos del almuerzo de Míster Blank aún en la bandeja de arriba, cubiertos todos con una tapadera redonda de metal con un agujero en medio. A Míster Blank se le ha abierto el apetito, no ve el momento de empezar a comer, pero antes de que pueda probar bocado, Sophie le dice que primero ha de tomarse sus pastillas de por la tarde. A pesar del entendimiento que se ha creado entre ellos en los últimos minutos, y del placer que siente al estar tan cerca del cálido y generoso cuerpo de Sophie, Míster Blank se muestra reacio a cumplir esa exigencia y se niega a tomarse la medicación. Mientras las pastillas que ha ingerido por la mañana eran de color verde, morado y blanco, las tres que ahora están en la bandeja superior del carrito de acero inoxidable tienen una pátina rosa, roja y anaranjada. Sophie explica que son pastillas diferentes, destinadas a producir efectos distintos de las que ha tomado antes, y que el tratamiento no dará resultado si no las toma junto con las otras. Míster Blank comprende la argumentación, aunque no llega a convencerlo para que cambie de parecer, y cuando Sophie coge la primera pastilla entre el pulgar y el dedo medio para intentar dársela, Míster Blank sacude porfiadamente la cabeza.

Por favor, le implora Sophie. Sé que tiene hambre, pero se va a tomar estas pastillas sea como sea antes de probar bocado.

A tomar por culo la comida, exclama amargamente Míster Blank.

Sophie emite un suspiro de irritación.

Oiga, señor mío, le dice, yo solo quiero ayudarlo. Soy una de las pocas personas de por aquí que están de su parte, pero si se niega a colaborar, sé de por lo menos una docena de individuos que estarían encantados de venir a esta habitación y hacerle tragar a la fuerza estas pastillas.

De acuerdo, dice Míster Blank, empezando a ceder un poco. Pero con una condición.

¿Una condición? Pero ¿qué dice?

Yo me tomo las pastillas. Pero antes tiene usted que desnudarse y dejar que la acaricie.

Sophie encuentra la proposición tan ridícula, que le da un ataque de risa, sin comprender que así respondió exactamente la otra Sophie en circunstancias similares cuando se encontraba tantos años atrás en el estanque helado con Míster Blank adolescente. Y entonces, para rematar la faena, pronuncia las fatales palabras: *No sea bobo*.

Ay, exclama el anciano, echándose bruscamente hacia atrás, como si le hubieran cruzado la cara. Ay, se lamenta. Di lo que quieras, mujer. Pero eso no. Por favor. Eso no. Cualquier cosa menos eso.

Al cabo de unos segundos, Míster Blank tiene los ojos llenos de lágrimas, y antes de darse cuenta de lo que le pasa, las siente correr por las mejillas mientras se ve sacudido por un llanto incontenible.

Lo siento, dice Sophie. No pretendía herir sus sentimientos.

¿Qué tiene de malo que quiera mirarte?, pregunta él, con voz ahogada por los sollozos. Tienes unos pechos preciosos. Solo deseo verlos y tocarlos. Quiero recorrer tu piel con mis manos, pasarte los dedos por el vello púbico. ¿Qué tiene eso de horrible? No voy a hacerte daño. Solo necesito un poco de ternura, nada más. Después de todo lo que me han hecho en este sitio, ¿acaso es demasiado pedir?

Bueno, responde Sophie en tono pensativo, sin duda compadeciéndose en cierta medida de la situación del anciano, quizá podamos llegar a una solución de compromiso.

¿Como cuál?, pregunta Míster Blank, enjugándose las lágrimas con el dorso de la mano.

Como..., como que usted se toma las pastillas, y cada vez que se trague una, le dejaré que me toque los pechos.

¿Los pechos al aire?

No. Prefiero no quitarme la blusa.

Eso no me satisface.

De acuerdo. Me quitaré la blusa. Pero me quedaré con el sujetador puesto. ¿Entendido?

No es que sea el paraíso, pero supongo que tendré que conformarme.

Y de esa manera queda resuelto el asunto. Cuando Sophie se quita la blusa, a Míster Blank se le levanta el ánimo al ver que lleva un sostén fino, de encaje, y no una de esas sosas prendas de uniforme que llevan las enfermeras de cierta edad o las mujeres que ya han tirado la toalla en lo que se refiere al amor físico. La mitad superior de los redondos y abundantes pechos de Sophie está al descubierto, e incluso más abajo, la tela del sostén es lo bastante tenue para permitir una clara visión de los pezones que sobresalen del tejido. Desde luego no es que sea el paraíso, dice en su fuero interno Míster Blank mientras traga la primera pastilla con un sorbo de agua, pero resulta muy satisfactorio de todos modos. Y enseguida pone manos a la obra —la izquierda sobre el pecho derecho, la derecha sobre el pecho izquierdo—, y mientras se deleita con el volumen y la suavidad de las glándulas mamarias de Sophie, un tanto fláccidas pero majestuosas, se llena aún más de gozo al observar que ella sonríe. No de placer, sin duda, sino porque le hace gracia la situación, demostrando con ello que no le guarda rencor y que se está tomando la aventura con buen humor.

Es usted un viejo verde, Míster Blank, observa ella.

Lo sé, contesta él. Pero también fui un joven verde.

Repiten otras dos veces la misma operación —la ingestión de una pastilla seguida por otro delicioso encuentro con los pechos—, después de lo cual Sophie se vuelve a poner la blusa, y llega el momento del almuerzo.

Por desgracia, el acariciar repetidamente a una mujer deseable ha ocasionado una previsible alteración en el propio cuerpo del acariciador. El viejo amigo de Míster Blank se ha puesto a fastidiar otra vez, y como nuestro héroe ya no lleva calzoncillos ni pantalones blancos de algodón y está completamente desnudo bajo el pijama, no hay obstáculo que impida a Don Importante dar un salto a través de la bragueta y asomar la cabeza a la luz del día. Lo que sucede en el preciso momento en que Sophie se inclina hacia delante y levanta las tapaderas metálicas de los platos, de manera que cuando se agacha para colocarlas en el estante inferior del carrito, sus ojos se encuentran a solo unos centímetros del culpable malhechor.

Pero bueno, dice Sophie, dirigiéndose al pene erecto de Míster Blank. De manera que tu dueño y señor me da unos cuantos apretones en las tetas, y tú ya estás dispuesto para entrar en acción. Olvídate, chico. Se acabó la diversión.

Lo siento, se disculpa Míster Blank, avergonzándose por primera vez de su conducta. Es como si hubiera surgido por voluntad propia. No me lo esperaba.

No es preciso que se disculpe, contesta Sophie. Solo vuelva a meterse esa cosa en los pantalones para que podamos dedicarnos a lo nuestro.

Lo nuestro es ahora el almuerzo de Míster Blank, que consiste en un pequeño tazón de sopa de verduras, ya tibia, un sándwich de dos pisos, ensalada de tomate y una taza de gelatina con sabor a frutas. No vamos a dar un relato exhaustivo de cómo despacha Míster Blank los diversos platos, pero no obstante vale la pena mencionar un incidente. Exactamente igual que cuando se tomó las pastillas por la mañana, en cuanto trata de llevarse la comida a la boca las manos le empiezan a temblar de manera incontrolable. Serán pastillas distintas, concebidas para diversos propósitos y envueltas en diferentes colores, pero en lo referente al temblor, su efecto es idéntico. Míster Blank empieza la comida atacando la sopa. Como bien cabe imaginar, el viaje inaugural de la cuchara desde el punto de partida del tazón hacia la boca resulta penoso, y ni una sola gota llega al destino previsto. Aunque la culpa no es suya, todo el contenido de la cuchara le deja la camisa blanca salpicada como si hubiera llovido.

Santo Dios, exclama. Otra vez.

Antes de que pueda proseguir con su almuerzo o, más exactamente, antes de que pueda empezar a comer, se ve obligado a quitarse la camisa, que es la última prenda de color blanco que le queda, y a sustituirla por la chaqueta del pijama, volviendo a llevar así el mismo atuendo con que lo descubrimos al principio de este informe. Es un momento de tristeza para Míster Blank, porque ya no queda ni rastro de los amables y meticulosos esfuerzos de Anna para vestirlo y dejarlo bien arreglado. Y lo que es peor, ha incumplido su promesa de ir de blanco.

Tal como Anna ha hecho antes, Sophie se encarga ahora de darle de comer. Si bien no es menos amable ni paciente que Anna, el anciano no la quiere de la misma manera, y por tanto mira a un punto fijo de la pared por encima del hombro izquierdo de Sophie mientras ella se dedica a llevarle a la boca la cuchara y luego el tenedor, imaginándose que es Anna quien está sentada a su lado y no Sophie.

¿Conoces bien a Anna?, pregunta.

Solo hace unos días que la conozco, contesta Sophie, pero ya hemos hablado largo y tendido en tres o cuatro ocasiones. Somos muy distintas en muchos aspectos, pero las dos coincidimos en lo que verdaderamente importa.

¿En qué?

En usted, para empezar, Míster Blank.

¿Por eso es por lo que te ha dicho que la sustituyeras esta tarde?

Supongo que sí.

He tenido un día bastante horroroso hasta el momento, pero volver a encontrarla me ha hecho mucho bien. No sé lo que haría sin ella.

A ella le pasa lo mismo con usted.

Anna... Pero ¿Anna qué más? Me he pasado horas tratando de recordar su apellido. Me parece que empieza con *B*, pero no logro pasar de ahí.

Blume. Se llama Anna Blume.

¡Pues claro!, grita Míster Blank, dándose una palmada en la frente con la mano izquierda. Pero ¿qué coño me pasa? Conozco ese nombre de toda la vida. Anna Blume. Anna Blume. Anna Blume...

Sophie ya se ha ido. El carrito de acero inoxidable no está, la camisa blanca manchada de sopa ha desaparecido, ya no hay ropa húmeda y sucia tirada en la bañera, y una vez más, tras haber meado como es debido y sin incidentes con ayuda de Sophie, Míster Blank se encuentra solo, sentado al borde de la estrecha cama, las manos apoyadas en las rodillas, la cabeza gacha, mirando al suelo. Analiza los detalles de la reciente visita de Sophie, reprendiéndose a sí mismo por no haberle formulado preguntas sobre las cosas que más lo preocupan. Dónde se encuentra, por ejemplo. Si se le permite pasear por el parque sin vigilancia. Dónde está el armario, si es que en realidad hay un armario, y por qué no ha sido capaz de encontrarlo. Por no mencionar el eterno enigma de la puerta: si está cerrada por fuera o no. ¿Por qué ha vacilado en abrirle su corazón, se pregunta, a ella, que no le guarda rencor alguno y es una persona totalmente comprensiva? ¿Se trata simplemente de miedo, quiere saber, o tiene algo que ver con el tratamiento, el pernicioso, extenuante tratamiento que poco a poco le ha ido robando la energía necesaria para defenderse y librar sus propias batallas?

Sin saber qué pensar, Míster Blank se encoge de hombros, se da una palmada con ambas manos en las rodillas y se levanta de la cama. Segundos después lo vemos sentado frente al escritorio, con el cuadernito delante, abierto por la primera página, y el bolígrafo en la mano. Busca en la lista el nombre de Anna, lo encuentra en la segunda línea, justo debajo de James P. Flood, y escribe las letras *B-l-u-m-e*, modificando así la línea de Anna por *Anna Blume*. Entonces, como ya ha rellenado todo el espacio de la primera página, pasa la hoja y en la segunda añade otras dos anotaciones:

John Trause
Sophie

Al cerrar el cuaderno, Míster Blank se queda perplejo al darse cuenta de que ha recordado el nombre de Trause sin esfuerzo alguno. Después de tantas fatigas, de tantos fracasos para acordarse de nombres, caras y acontecimientos, lo considera un triunfo de primera magnitud. Se mece en el sillón para celebrar su hazaña, preguntándose si las pastillas de la tarde tienen en cierto modo el efecto de contrarrestar la pérdida de memoria que ha sufrido por la mañana, o si se trata de una afortunada casualidad, una de esas cosas inesperadas que nos ocurren sin razón aparente. Cualquiera que sea la causa, decide pensar de nuevo en la historia, en previsión de la visita del médico esa misma tarde, ya que Farr le ha dicho que hará todo lo posible para que pueda contarla hasta el final; no mañana, cuando Míster Blank seguramente ya no recuerde lo que ha narrado hasta ahora, sino hoy mismo. Pero entonces, mientras el anciano continúa meciéndose hacia atrás y hacia delante en el sillón, su mirada va a parar al trozo de cinta blanca pegado en el tablero de la mesa. Ha mirado esa etiqueta unas cincuenta o cien veces a lo largo del día, y en cada ocasión ha visto que en la tira blanca se leía claramente la palabra ESCRITORIO. Ahora, estupefacto, ve que está marcada con la palabra LÁMPARA. Su primera reacción es pensar que los ojos le han gastado una mala pasada, de modo que deja de balancearse con objeto de mirarla más de cerca. Se inclina hacia delante, baja la cabeza hasta casi tocarla con la nariz y examina la palabra con detenimiento. Con gran turbación, descubre que la etiqueta sigue diciendo LÁMPARA.

Con una creciente sensación de alarma, se levanta del sillón con dificultad y deambula por la habitación arrastrando los pies, deteniéndose frente a cada trozo de cinta blanca adherido a un objeto para averiguar si se ha modificado alguna otra palabra. Tras una investigación minuciosa, se queda horrorizado al descubrir que ni una sola etiqueta está en el sitio de antes. La de la pared dice ahora SILLA. En la lámpara ahora se lee BAÑO. En el sillón pone ESCRITORIO. Varias explicaciones posibles surgen de pronto en la mente de Míster Blank. Ha sufrido un ataque o una lesión cerebral de algún tipo; se le ha olvidado leer; le han hecho alguna faena. Pero si es víctima de una jugarreta, se pregunta a sí mismo, ¿quién puede ser el autor? Varias personas han estado en su habitación en las últimas horas: Anna, Flood, Farr y Sophie. Le parece inconcebible que alguna de las dos mujeres le haya hecho algo así. Cierto es, sin embargo, que tenía la cabeza en otra parte cuando entró Flood, y también es verdad que estaba en el baño tirando de la cadena del retrete cuando se presentó Farr, pero no cabe imaginar que alguno de ellos pueda haber llevado a cabo esa compleja maniobra de sustitución en el breve espacio de tiempo en que no se encontraban al alcance de su vista: unos segundos todo lo más, apenas un abrir y cerrar de ojos. Míster Blank es consciente de que no se encuentra en plena forma, de que la cabeza no le funciona como debería, pero también sabe que no está peor ahora que cuando se ha despertado por la mañana, lo que eliminaría la teoría del ataque, y si se le hubiera olvidado leer, ¿cómo habría podido introducir las últimas modificaciones en la lista de nombres? Se sienta al borde de la estrecha cama y se pregunta si no habrá dado alguna cabezada después de marcharse Sophie. No recuerda haberse quedado dormido, pero al final es la única explicación que tiene sentido. Ha entrado una quinta persona en la habitación, alguien que no es Anna, ni Flood, ni Farr ni Sophie, y ha cambiado las etiquetas, mientras Míster Blank, sin darse cuenta, se sumía brevemente en el olvido.

Hay un enemigo rondando por el edificio, dice para sus adentros, tal vez varios o muchos enemigos que están confabulados y cuya única intención consiste en asustarlo, desorientarlo, hacerle creer que está perdiendo la cabeza, como si quisieran convencerlo de que los seres imaginarios que tiene alojados en la mente se han transformado en fantasmas vivientes, en almas sin cuerpo reclutadas para invadir su pequeña habitación y causarle la mayor confusión posible. Pero Míster Blank es gente de orden, y se siente ofendido por las infantiles ganas de alborotar de sus captores. Por su larga experiencia, ha llegado a apreciar la importancia de la precisión y la claridad en todas las cosas, y durante los años en que enviaba a sus agentes a sus respectivas misiones a lo largo y ancho del mundo, siempre ponía todo su empeño en redactar los informes sobre sus actividades en un lenguaje que no traicionara la verdad de lo que habían visto, pensado y sentido en cada etapa del camino. Sería inadmisible, entonces, que alguien pretendiera llamar escritorio a un sillón o lámpara a un escritorio. Caer en ese capricho infantil equivaldría a sumir al mundo en el caos, hacer la vida intolerable para todos menos para los locos. Míster Blank no ha llegado al punto de no poder identificar los objetos que no tienen su nombre escrito en una etiqueta, pero no cabe duda de que está perdiendo facultades, y es consciente de que pronto, quizá mañana mismo, llegará un momento en que su cerebro se deteriorará aún más y, para reconocer un objeto cualquiera, no tendrá más remedio que leer su nombre en una tira pegada encima. De manera que decide reparar el perjuicio causado por su enemigo invisible y volver a poner en su sitio las etiquetas cambiadas.

La tarea le lleva más tiempo de lo previsto, porque pronto descubre que los trozos de cinta donde se han escrito las palabras están dotados de una capacidad adhesiva casi sobrenatural, y si se quiere despegarlos de la superficie no hay que escatimar esfuerzos ni desviar un momento la atención. Míster Blank empieza a quitar con el pulgar izquierdo la primera tira (la palabra PARED, que ha ido a parar al tablero de roble del pie de la cama), pero en cuanto logra levantar un poco la esquina inferior derecha de la cinta, se le rompe la uña. Vuelve a intentarlo con la del dedo medio, que es un poco más corta y por tanto menos frágil, y aplicándose con diligencia logra arrancar unos pedacitos de la pertinaz esquina derecha hasta despegar una cantidad de cinta suficiente para coger una pequeña parte entre el pulgar y el dedo corazón y, tirando con suavidad a fin de que no se desgarre, arrancar la etiqueta entera del pie de la cama. Momento de satisfacción, sí, pero que ha requerido sus buenos dos minutos de laborioso trabajo. Considerando que en total hay que quitar doce trozos de cinta adhesiva, y teniendo en cuenta que Míster Blank se rompe otras tres uñas en la operación (disminuyendo así el número de dedos utilizables a seis), el lector comprenderá por qué tarda más de media hora en concluir la tarea.

Esas fatigosas actividades dejan exhausto a Míster Blank, que en lugar de detenerse a echar una mirada a la habitación y admirar su obra (que, por modesta e insignificante que pueda parecer, para él es poco menos que una empresa simbólica destinada a restaurar la armonía de un universo resquebrajado), se dirige arrastrando los pies al cuarto de baño para enjugarse el sudor que le chorrea por la cara. Le vuelve a dar uno de sus habituales mareos, y se agarra al lavabo con la mano izquierda mientras se echa agua con la derecha. Cuando cierra el grifo y alarga el brazo para coger la toalla, se siente muy mal de pronto, peor de lo que ha estado en todo el día. El problema parece localizarse en un punto del estómago, pero antes de que pueda pronunciar en su fuero interno la palabra *estómago*, el vahído le sube por la tráquea, acompañado de un desagradable cosquilleo en la mandíbula. Instintivamente se aferra al lavabo con ambas manos, y agacha la cabeza preparándose para el acceso de náusea que va apoderándose de él de manera inexplicable. Le hace frente durante unos segundos, rezando para que no se produzca la inminente explosión, pero es una causa perdida, y un instante después empieza a vomitar en el lavabo.

¡Me han envenenado!, grita Míster Blank, una vez que han pasado los espasmos. ¡Esos monstruos me han envenenado!

Cuando se reanuda la acción, Míster Blank está tumbado en la cama, mirando al techo, recién pintado de blanco. Ahora que las devastadoras toxinas han sido expulsadas de su organismo, se encuentra agotado, sin pizca de energía, más muerto que vivo por el feroz acceso de vómito, por las grandes arcadas que, con los ojos llenos de lágrimas, estaba dando en el cuarto de baño solo unos minutos antes. Y, sin embargo, si tal cosa es posible, en el fondo de su ser también se siente mejor, más tranquilo y dispuesto a enfrentarse a las duras pruebas que sin duda lo aguardan.

Mientras continúa examinándolo, el techo va formando poco a poco una imagen en su mente, hasta darle la impresión de que en vez de mirar al cielo raso está contemplando una página en blanco. No sabe cómo se le ha ocurrido eso, pero quizá tenga algo que ver con las dimensiones del techo, que es rectangular y no cuadrado, lo que significa que la habitación también es rectangular y no cuadrada, y aun siendo mucho más grande que una hoja de papel, el techo tiene unas proporciones más o menos similares a las de una holandesa. Mientras Míster Blank sigue absorto en esa idea, algo se remueve en su interior, un recuerdo lejano que no puede localizar en su memoria, una figura que se deshace cada vez que se acerca a ella, pero entre las tinieblas que le impiden verla con claridad en su cabeza, distingue vagamente el contorno de un hombre, de alguien que sin duda es él mismo, sentado a un escritorio e introduciendo una hoja de papel en el rodillo de una máquina de escribir manual. Se trata probablemente de un informe, dice en alta voz, con añoranza, y se pregunta entonces cuántas veces habrá repetido ese gesto, cuántas veces a lo largo de los años, llegando a la conclusión de que han de ser miles, miles y miles de veces, más holandesas de las que nadie es capaz de contar en un día, una semana o un mes.

Pensando en la máquina de escribir recuerda el texto mecanografiado que ha leído antes, y ahora que se ha recuperado más o menos de la desesperante tarea de ir arrancando por la habitación los trozos de cinta blanca y volver a ponerlos en su sitio correspondiente, y una vez sofocado el conflicto que se ha desencadenado de manera tan violenta en su estómago,

Míster Blank recuerda sus planes de llevar adelante la narración, de trazar el esquema del relato hasta su conclusión con objeto de estar preparado cuando el médico vuelva a visitarlo esa misma tarde. Aún tumbado en la cama con los ojos abiertos, considera por un momento la idea de continuar en silencio, es decir, narrarse a sí mismo la historia en su cabeza, o bien seguir inventando los acontecimientos en alta voz, aunque en la habitación no haya nadie que atienda a lo que esté diciendo. Como ahora mismo se siente particularmente solo, bastante hundido por el peso de su impuesta soledad, decide hacer como si el médico estuviera con él en la habitación y proceder igual que antes, o sea, contar la historia de viva voz en lugar de desarrollarla simplemente en la imaginación.

Bueno, vamos a seguir con el relato, dice. La Confederación. Sigmund Graf. Los Territorios Distantes. Ernesto Land. ¿Qué año es en ese lugar imaginario? Alrededor de mil ochocientos treinta, calculo yo. No hay tren, ni telégrafo. Se viaja a caballo, y hay que esperar hasta tres semanas para recibir una carta. Aunque se parece mucho, no es Norteamérica. No hay esclavos negros, en primer lugar, o al menos no se mencionan en el texto. Pero hay más diversidad étnica que aquí en ese momento de la historia. Nombres alemanes, nombres franceses, ingleses, españoles. Muy bien, ¿dónde estábamos? Graf se encuentra en los Territorios Distantes, buscando a Land, que puede o no ser un agente doble, que puede o no haberse fugado en secreto con su mujer y su hija. Retrocedamos un poco. Me parece que antes he ido muy deprisa, sacando demasiadas conclusiones apresuradas. Según Joubert, Land es un traidor a la Confederación que ha creado su propio ejército particular para ponerse al frente de los primitivos y promover la invasión de las provincias occidentales. Odio esa palabra, a propósito. *Primitivos*. Es muy sosa, demasiado burda, de mal gusto. Intentemos pensar en algo más original. Hummm... No sé... Quizá algo como... los animistas. No. No suena bien. Los dolmen. Los Olmen. Los Tolmen. Horroroso. Pero ¿qué me pasa? Los djiin.* Eso es. Los djiin. Suena un poco como Injun,** pero además tiene otras connotaciones. Muy bien, los djiin. Joubert cree que Land se encuentra en los Territorios Distantes para lanzar un ataque contra las provincias occidentales al frente de los djiin. Pero Graf piensa que la situación es más compleja. ¿Por qué? En primer lugar, cree que Land es leal a la Confederación. Y, en segundo lugar, ¿cómo habría cruza-

* Con distinta grafía —*djinn*, también *jinni*—, genio, ser fantástico. *(N. del t.)*

** Término coloquial, derivado de *Iridian*, para designar a un indio norteamericano. *(N. del t.)*

do Land la frontera acompañado de cien hombres sin el conocimiento del Coronel? De Vega asegura no saber nada del asunto, pero Carlotta ha contado a Graf que ya hace más de un año que Land pasó a los Territorios, y a menos que ella mienta, De Vega está metido de lleno en la conspiración. O si no —y eso no se me había ocurrido antes— Land ha sobornado a De Vega con una gran suma de dinero, con lo cual el Coronel no está implicado en la conjura. Pero eso no tiene nada que ver con Graf, a quien nunca se le ocurre la posibilidad del soborno. De acuerdo con su teoría, Land, De Vega y el conjunto del ejército pretenden desencadenar una falsa guerra con el propósito de mantener unida la Confederación. Puede que de paso intenten aniquilar a los djiin, aunque puede que no. De momento, solo hay dos posibilidades: el punto de vista de Joubert y el de Graf. Para que esta historia cobre algún sentido, sin embargo, ha de haber una tercera explicación, algo que nadie podría esperar. De otro modo, todo resulta demasiado previsible.

Muy bien, prosigue Míster Blank, tras una breve pausa para concentrarse. Graf ha ido a dos aldeas gangis, donde han asesinado a todos sus habitantes. Ha enterrado al soldado blanco que deliraba, y está tan confuso que ya no sabe qué pensar. De momento, mientras continúa su lenta marcha en busca de Land, veamos por separado los dos principales interrogantes a los que se enfrenta. La cuestión profesional y la privada. ¿Qué hace realmente Land en los Territorios, y dónde están la mujer y la hija de Graf? A decir verdad, el problema doméstico me tiene aburrido. Puede resolverse de diversos modos, pero todas y cada una de las soluciones son un engorro: demasiado trilladas, demasiado manidas, no vale la pena tenerlas en cuenta. La primera: Beatrice y Marta se han fugado con Land. Si las encuentra con él, Graf ha jurado matar a Land. Puede que lo consiga, o puede que fracase, pero en ese punto la historia decae para convertirse en el simple melodrama de un cornudo que lucha en defensa de su honor. Segunda solución: Beatrice y Marta se han fugado con Land, pero Beatrice ha muerto; o bien a consecuencia de la epidemia de cólera o por las privaciones de la vida en los Territorios. Supongamos que Marta, ya con dieciséis años, es toda una mujer y se ha hecho amante de Land, ¿qué hace Graf entonces? ¿Querrá aún matar a Land, quitar la vida a su antiguo amigo mientras su única hija le suplica que perdone al hombre que ama? ¡Ay, papá, por favor, papá, no lo hagas! ¿O dirá que lo pasado, pasado está, y olvidará todo el asunto? De un modo u otro, eso no arregla nada. Tercera solución: Beatrice y Marta se han fugado con Land, pero las dos han muerto. Land ni siquiera las menciona en presencia de Graf, y ese elemento de la historia se convierte en una pista falsa, letra muerta. Por lo visto, Trause era muy joven cuando escribió ese relato, y no me sorprende que no lo haya publicado jamás. Se quedó sin saber lo que hacer con las dos mujeres. No sé a qué solución llegaría, pero apuesto cualquier cosa a que fue la segunda; que es igual de mala que la primera y la tercera. Por lo que a mí respecta, prefiero olvidarme de Beatrice y Marta. Pongamos que murieron en la epidemia de cólera y dejémoslo así. Pobre Graf, desde luego, pero si se quiere contar una historia con garra, no hay que tener compasión.

Vale, dice Míster Blank, aclarándose la garganta mientras trata de coger el hilo de la narración, ¿dónde estábamos? Graf. Completamente solo. Vagando por el desierto en su caballo, *Whitey*, el gentil corcel, en busca del escurridizo Ernesto Land...

Míster Blank se interrumpe. Se le ha ocurrido otra idea, una endiablada, apabullante iluminación que le envía una oleada de placer por todo el cuerpo, estremeciéndolo desde la punta de los pies hasta las células nerviosas del cerebro. En un solo instante, todo el asunto le resulta tan claro como la luz del día, y cuando el anciano piensa en las terribles consecuencias de lo que, con toda seguridad, es la conclusión ineludible, la única solución viable entre una multitud de posibilidades antagónicas, empieza a darse golpes en el pecho, a patalear y sacudir los hombros mientras emite una feroz y convulsiva carcajada.

Un momento, dice Míster Blank, alzando la mano hacia su imaginario interlocutor. Olvídelo todo. Ya lo tengo. Vuelta al principio. A la segunda parte, quiero decir. Volvamos al comienzo de la segunda parte, cuando Graf cruza subrepticiamente la frontera y entra en los Territorios Distantes. No tenga en cuenta a los gangis. Olvídese de las matanzas. Graf no pisa ni asentamientos ni aldeas de los djiin. Los Decretos llevan diez años en vigor, y sabe que los djiin no tolerarán amablemente su presencia. ¿Un blanco viajando solo por los Territorios? Imposible. Si lo encuentran, es hombre muerto. De modo que no se acerca a los sitios habitados, obligándose a permanecer dentro de las vastas zonas desérticas que separan entre sí a las diversas naciones, en busca de Land y sus hombres, por supuesto, encontrándose con el soldado delirante, de acuerdo, pero cuando halla lo que está buscando, descubre que es precisamente lo contrario de lo que esperaba. En una yerma planicie de la región septentrional de los Territorios, una extensión semejante a las salinas de Utah, se encuentra con un montículo de ciento quince cadáveres, unos mutilados, otros intactos, todos ellos en descomposición, pudriéndose al sol. No son gangis, ni tampoco miembros de alguna nación djiin, sino hombres blancos, y llevan uniformes de soldados, al menos aquellos a quienes no han arrancado la ropa ni hecho pedazos, y mientras Graf avanza tambaleante hacia el pútrido y nauseabundo montón de cadáveres destrozados, descubre que una de las víctimas es su viejo amigo Ernesto Land: yace de espaldas, con un orificio de bala en la frente y un enjambre de moscas y gusanos reptando por su rostro medio devorado. No nos detendremos en la reacción de Graf ante ese horror: el vómito y el llanto, los aullidos, las vestiduras rasgadas. Lo que importa es lo siguiente. Como su encuentro con el soldado delirante se ha producido apenas dos semanas antes, Graf sabe que la matanza debe ser bastante reciente. Pero, sobre todo, lo que cuenta es esto: no le cabe la menor duda de que los djiin han asesinado a Land y sus hombres.

Míster Blank se interrumpe para soltar otra carcajada, más contenida que la última, quizá, pero que deja expresar alegría y amargura a la vez, porque si bien está contento por haber transformado el relato de acuerdo con su propio punto de vista, sabe que a pesar de todo es una historia horripilante, y el terror que en cierto modo siente le hace encogerse ante lo que aún tiene que contar.

Pero Graf se equivoca, prosigue Míster Blank. Graf no sabe nada de la siniestra confabulación a que lo han arrastrado. Él es quien va a cargar con el muerto, como dicen en las películas, el chivo expiatorio a quien el Gobierno ha tendido una trampa para poner el mecanismo en marcha. Todos están implicados: Joubert, el Ministerio de la Guerra, De Vega, toda la banda. Sí, enviaron a Land a los Territorios en calidad de agente doble, con instrucciones de incitar a los djiin a que invadieran las provincias occidentales, lo que desencadenaría la guerra que el Gobierno tan desesperadamente necesita. Pero Land fracasa en su misión. Transcurre un año, y cuando nada sucede después de todo ese tiempo, los detentadores del poder concluyen que Land los ha traicionado, que por una u otra razón su conciencia ha podido más que él y ha apaciguado a los djiin. De manera que trazan un nuevo plan y envían otro ejército a los Territorios. No desde Ultima, sino desde otra guarnición a varios centenares de kilómetros hacia el norte, y ese contingente es mucho mayor que el primero, al menos diez veces más numeroso, y con mil soldados contra cien, Land y su variopinto puñado de idealistas no tienen nada que hacer. Sí, me ha oído usted perfectamente. La Confederación envía un segundo ejército para aniquilar al primero. Todo en secreto, por supuesto, y si quien va en busca de Land es alguien como Graf, llegará a la conclusión lógica de que ese montón de mutilados y hediondos cadáveres ha sido obra de los djiin. En ese punto, Graf se convierte en la figura clave de la operación. Sin saberlo, él va a ser la persona que desencadenará la guerra. ¿Cómo? Permitiéndole que escriba su historia en esa horrible y pequeña celda de Ultima. De Vega lo somete al principio a una serie de palizas, pegándole sin parar durante una semana entera, pero es solo para que tiemble de miedo y crea que están a punto de ejecutarlo. Y cuando alguien está convencido de que va a morir, vomitará sobre el papel todo cuanto sabe en el momento en que le pongan una pluma en la mano. De modo que Graf hace precisamente lo que pretenden que haga. Explica su misión de encontrar a Land, y cuando llega a la matanza que descubrió en los salares, no se deja nada en el tintero, describe aquella abominación hasta el último detalle morboso. Ese es el aspecto decisivo de la cuestión: un gráfico relato de los acontecimientos, narrado por un testigo presencial, en el que toda la culpa recae sobre los djiin. Cuando Graf concluye su informe, De Vega toma posesión del manuscrito y lo libera de la cárcel. Graf se queda pasmado. Esperaba que lo fusilaran, y hete ahí que le dan una gratificación por su trabajo y le pagan el viaje de vuelta a la capital en un carruaje de primera clase. Cuando llega a su casa, el manuscrito ha sido hábilmente revisado y transmitido a todos los periódicos del país. TROPAS DE LA CONFEDERACIÓN ANIQUILADAS POR LOS DJIIN. Informe de Sigmund Graf, testigo de los hechos y Subdirector Adjunto en el Ministerio de la Gobernación. Al volver, Graf encuentra a toda la población de la capital alzada en armas, pidiendo a gritos la invasión de los Territorios Distantes. Comprende ahora la crueldad del engaño que ha sufrido. Una guerra a esa escala bien podría destruir la Confederación, y resulta que él, única y exclusivamente él, ha servido de fósforo para inflamar ese fuego mortal. Se presenta ante Joubert y le exige una explicación. Ahora que todo ha salido a pedir de boca, Joubert está encantado de dársela. Luego le ofrece un ascenso y un cuantioso aumento de sueldo, pero Graf le hace una contraoferta: le presento mi dimisión, le dice, después de lo cual abandona la estancia dando un portazo al salir. Aquella noche, en la oscuridad de su casa vacía, empuña un revólver cargado y se vuela la tapa de los sesos. Y ya está. Fin de la historia. *Finita, la commedia.*

Míster Blank lleva casi veinte minutos hablando sin parar, y está cansado, no solo por el agotador esfuerzo de sus cuerdas vocales, sino porque antes de empezar ya tenía irritada la garganta (a causa de la tremenda vomitona en el baño solo unos minutos antes), y pronuncia las últimas frases de su narración con una perceptible aspereza en la voz. Cierra los ojos, olvidando que ese simple acto puede conjurar de nuevo la procesión de seres imaginarios que deambulan por el desierto, la turba de los condenados, los entes sin rostro que acabarán rodeándolo para hacerle pedazos, pero esta vez la suerte salva a Míster Blank de los demonios, y al bajar los párpados se encuentra otra vez en el pasado, sentado en una curiosa butaca de madera, una silla Adirondack, cree que la llaman, en un lugar perdido en pleno campo, cerca de algún pueblo remoto del que no logra acordarse, con hierba muy verde alrededor y montañas azules a lo lejos, y hace calor, pero calor de pleno verano, con un cielo sin nubes por encima de su cabeza y el sol bañándole la piel, y ahí tenemos a Míster Blank, hace ya muchos años, según parece, en los comienzos de su edad adulta, sentado en la silla Adirondack con una criatura en brazos, una niña de doce meses vestida con una camiseta y unos pañales blancos, y la está mirando a los ojos y diciéndole cosas, aunque no sabe lo que le dice, porque esa incursión en el pasado se realiza en silencio, y mientras le habla, la criaturita le devuelve la mirada con aire de gran atención y seriedad en el semblante, y el anciano, tendido en la cama con los ojos ya cerrados, piensa ahora si ese personajillo no será Anna Blume en el primer año de su vida, su amada Anna Blume, y en caso de que no sea Anna, si la niña es realmente su hija, pero qué hija, se pregunta entonces, qué hija y cómo se llama, y si en efecto es él el padre, dónde está la madre y cómo se llama, y en ese instante toma nota mentalmente de que la próxima vez que alguien entre en la habitación ha de interrogarle sobre esas cosas, para averiguar si tiene familia, esposa o hijos en alguna parte, si alguna vez tuvo mujer, o un hogar, o si esta habitación es el sitio donde siempre ha vivido, pero está a punto de olvidar esa nota y también las preguntas que quería formular, porque de pronto se encuentra muy cansado, y la imagen de sí mismo sentado en la silla con la niña en brazos desaparece ya, y Míster Blank se queda dormido.

Gracias a la cámara, que no ha dejado de tomar una fotografía por segundo a todo lo largo del presente informe, sabemos sin sombra de duda que la siesta de Míster Blank dura exactamente veintisiete minutos y doce segundos. Podría haber dormido mucho más, pero alguien acaba de entrar en la habitación, y está dándole unos golpecitos en el hombro con ánimo de despertarlo. Cuando el anciano abre los ojos, se siente como nuevo tras su breve estancia en la Tierra del Sueño, y se incorpora al instante, enteramente despejado y listo para la entrevista, sin el menor rastro de cansancio que ofusque su entendimiento.

El visitante parece rondar los sesenta años, y al igual que Farr horas antes, va vestido con vaqueros, pero mientras el médico llevaba una camisa roja, la del recién llegado es negra, y en tanto Farr se presentó en la habitación con las manos vacías, el hombre de la camisa negra trae un montón de carpetas y archivadores entre los brazos. Su cara resulta muy familiar a Míster Blank, pero con todos los rostros que ha visto hoy, tanto en fotografía como en persona, no sabe qué nombre atribuirle.

¿Es usted Fogg?, pregunta. ¿Marco Fogg?

El visitante sonríe y sacude la cabeza. No, contesta, me temo que no. ¿Por qué cree que soy Fogg?

No sé, pero cuando me he despertado hace un momento, de pronto recordé que Fogg vino ayer más o menos a esta hora. Un pequeño milagro, en realidad, ahora que lo pienso. Lo de acordarme, quiero decir. Pero Fogg vino. De eso estoy seguro. Por la tarde, a tomar el té. Jugamos a las cartas durante un rato. Charlamos. Y me contó unos chistes muy graciosos.

¿Chistes?, pregunta el visitante, acercándose al escritorio, dando un giro de unos ciento ochenta grados al sillón y sentándose luego en él con el montón de carpetas sobre las piernas. Mientras realiza esos movimientos, Míster Blank se pone en pie, avanza un pequeño trecho arrastrando los pies y se sienta a los pies de la cama, acomodándose más o menos en el mismo sitio que Flood ocupaba por la mañana.

Sí, chistes, contesta Míster Blank. No me acuerdo de todos, pero había uno que me gustó especialmente.

No le importará contármelo, ¿verdad?, pregunta el visitante. Siempre ando a la caza de chistes buenos.

Lo puedo intentar, contesta Míster Blank, y entonces se interrumpe un instante para ordenar las ideas. Espere un momento, dice. Hummm. Vamos a ver. Creo que empieza así. Un individuo entra en un bar de Chicago a las cinco de la tarde y pide tres whiskies. No uno detrás de otro, sino tres a la vez. El camarero se queda un poco perplejo ante tan insólita petición, pero no dice nada y le sirve lo que le ha pedido: tres whiskies escoceses, colocados en fila sobre la barra. El cliente se los bebe uno tras otro, paga y se va. Al día siguiente, aparece de nuevo a las cinco y pide lo mismo. Tres whiskies a la vez. Y vuelve al otro día y al otro, y así durante dos semanas. Finalmente, el camarero no puede reprimir por más tiempo la curiosidad. No quisiera meterme donde no me llaman, le dice, pero lleva dos semanas viniendo por aquí y siempre me pide tres whiskies, y simplemente quisiera saber por qué. La gente los pide de uno en uno. Ah, contesta el cliente, la respuesta es muy sencilla. Tengo dos hermanos. Uno vive en Nueva York y el otro en San Francisco, y los tres estamos muy unidos. Para honrar nuestra amistad, entramos cada uno en un bar a las cinco de la tarde y pedimos tres whiskies, brindamos en silencio a la salud de los demás, y hacemos como si estuviéramos juntos en el mismo sitio. El camarero asiente con la cabeza, entendiendo por fin el motivo de tan extraño ritual, y se olvida de la cuestión. El asunto dura cuatro meses. El individuo va todos los días a las cinco de la tarde, y el camarero le sirve las tres copas. Entonces ocurre algo. El hombre se presenta una tarde a la hora acostumbrada, pero esta vez solo pide dos whiskies. El camarero se queda preocupado, y al cabo de poco se arma de valor y dice: No quisiera entrometerme, pero lleva cuatro meses y medio viniendo aquí y siempre me ha pedido tres whiskies. Hoy me pide dos. Ya sé que no es asunto mío, pero confío en que no haya pasado nada malo en su familia. No ocurre nada, contesta el cliente, tan animado y alegre como siempre. ¿Qué sucede, entonces?, pregunta el camarero. Pues muy sencillo, contesta el cliente. Yo he dejado de beber.

El visitante estalla en un prolongado ataque de risa, y aunque Míster Blank no se une a sus carcajadas, porque ya sabía cómo acababa el chiste, sonríe de todos modos al hombre de la camisa negra, satisfecho de sí mismo por haberlo contado tan bien. Cuando el acceso de hilaridad concluye al fin, el visitante, mirándolo de frente, pregunta: ¿Sabe usted quién soy?

No estoy seguro, contesta el anciano. No es Fogg, en cualquier caso. Pero no cabe duda de que lo he visto antes; muchas veces, creo.

Soy su abogado.

Mi abogado. Qué bien..., estupendo. Esperaba verlo hoy. Tenemos mucho de que hablar.

Sí, conviene el hombre de la camisa negra, dando unas palmaditas al montón de carpetas y archivadores que descansa sobre sus piernas. Muchas cosas que discutir. Pero antes de ponernos a ello, quiero que me eche un buen vistazo y trate de recordar cómo me llamo.

Míster Blank observa con atención el rostro afilado y anguloso, escrutando sus grandes ojos grises, fijándose en su mandíbula, su frente y sus labios, pero al final no puede hacer otra cosa que dejar escapar un suspiro y sacudir la cabeza de un lado a otro, derrotado.

Soy Quinn, Míster Blank, revela el visitante. Daniel Quinn. Su primer agente.

Míster Blank emite un gemido. Siente tal bochorno, está tan avergonzado que en alguna parte de su ser, en lo más recóndito de su alma, quiere esconderse en un agujero y morirse de una vez.

Perdóneme, por favor. Mi querido Quinn..., mi hermano, mi camarada, mi amigo fiel. Son esas asquerosas pastillas que me están dando. Me han trastornado la cabeza, y estoy hecho un verdadero lío.

Me envió usted a más misiones que a nadie, dice Quinn. ¿Se acuerda del asunto Stillman?

Vagamente, contesta Míster Blank. Peter Stillman. Hijo y padre, si no me equivoco. Uno de ellos iba siempre de blanco. No sé cuál de los dos, pero creo que era el hijo.

Exacto, eso es. El hijo. Y luego hubo ese extraño asunto con Fanshawe.

El primer marido de Sophie. El loco que desapareció.

Otra vez está en lo cierto. Pero tampoco debemos olvidar el pasaporte. Un asunto menor, supongo, pero que también requirió mucho trabajo.

¿Qué pasaporte?

Mi pasaporte. El que Anna Blume encontró cuando usted le encargó su misión.

¿Anna? ¿Conoce usted a Anna?

Pues claro. Todo el mundo conoce a Anna. Por aquí es como una especie de leyenda.

Se lo merece. No hay en el mundo otra mujer como ella.

Y por último, aunque no por eso menos importante, está lo de mi tía, Molly Fitzsimmons, la mujer que se casó con Walt Rawley. Fui yo quien lo ayudó a escribir sus memorias.

¿Walt qué más?

Rawley. O Walt el Niño Prodigio, como solían llamarlo.

Ah, sí. Eso fue hace mucho, ¿no?

Exacto. Hace muchísimo tiempo.

¿Y luego?

Eso es todo. Después me retiró usted del servicio.

¿Y por qué haría una cosa así? ¿En qué estaría pensando?

Ya llevaba muchos años en eso, era hora de que me fuera. Los agentes no duran para siempre. Esta profesión es así.

¿Cuándo fue eso?

En mil novecientos noventa y tres.

¿Y en qué año estamos?

En dos mil cinco.

Doce años. ¿A qué se ha dedicado desde..., desde que lo retiré del servicio?

A viajar, principalmente. A estas alturas, conozco casi todos los países del mundo.

Y ahora ha vuelto a trabajar, y es mi abogado. Me alegro de que así sea, Quinn. Siempre he sabido que podía confiar en usted.

Puede estar seguro, Míster Blank. Por eso me han encargado este trabajo. Porque nos conocemos desde hace mucho.

Tiene que sacarme de aquí. No creo que pueda soportarlo por más tiempo.

No va a ser fácil. Han presentado muchas acusaciones contra usted, no puedo con tanto papeleo. Ha de tener paciencia. Ojalá pudiera darle una contestación, pero no tengo idea de cuánto tiempo tardarán en arreglarse las cosas.

¿Acusaciones? ¿Qué clase de acusaciones?

El repertorio entero, me temo. Desde indiferencia criminal a acoso sexual. Desde asociación ilícita con propósito de dolo hasta homicidio involuntario. Desde difamación del buen nombre de las personas hasta asesinato en primer grado. ¿Quiere que siga?

Pero soy inocente. Yo nunca he hecho ninguna de esas cosas.

Eso es discutible. Todo depende de cómo se mire.

¿Y qué pasará si perdemos?

La naturaleza del castigo aún se está debatiendo. Un grupo aboga por la clemencia, un perdón general por todos los cargos. Pero hay otros que se la tienen *jurada*. Y no solo un par de ellos. Son toda una pandilla, que cada vez se hace más numerosa y da más voces.

Que me la tienen jurada. No entiendo. ¿Se refiere a que quieren vengarse de algo?

En lugar de responder, Quinn mete la mano en el bolsillo de su camisa negra y saca una hoja de papel, que luego despliega de manera que Míster Blank también vea lo que hay escrito en ella.

Hace dos horas que han celebrado una reunión, informa Quinn. No pretendo asustarlo, pero alguien ha llegado al punto de proponer lo siguiente como posible solución. Cito textualmente: *Se le arrastrará por la calle hasta el lugar de la ejecución, donde se le colgará y se le despellejará vivo, y después se le abrirá en canal, se le arrancarán el corazón y las tripas, se le cercenarán sus partes pudendas y se arrojarán al Fuego delante de su vista. Luego se le separará la cabeza del tronco y su cuerpo se dividirá en cuatro partes, de las que dispondremos como mejor nos parezca.*

Qué bonito, suspira Míster Blank. ¿Y a qué alma sensible se le ha ocurrido ese plan?

Eso no importa, asegura Quinn. Solo quiero que tome un poco el pulso a la situación a la que nos enfrentamos. Yo lo defenderé hasta el final, pero debemos ser realistas. Tal como están las cosas, probablemente tendremos que llegar a un arreglo aceptable para ambas partes.

Ha sido Flood, ¿verdad?, pregunta Míster Blank. Ese odioso hombrecillo que ha venido a insultarme aquí esta mañana.

No, en realidad no ha sido él, pero eso no quiere decir que Flood no represente un peligro. Fue usted muy prudente al rechazar su invitación de ir al parque. Poco después descubrimos que llevaba una navaja oculta en la chaqueta. En cuanto lo hubiera sacado de la habitación, lo habría matado.

Ah. Eso me había figurado. Ese inútil, asqueroso pedazo de mierda.

Sé que no es fácil estar encerrado en este cuarto,

pero le recomendaría que se quedara aquí, Míster Blank. Si alguien más lo invita a salir a dar un paseo por el parque, invéntese una excusa y diga que no.

¿Así que en realidad hay un parque?

Sí, hay un parque.

¿Y los pájaros? ¿Los tengo en la cabeza, o los oigo de verdad?

¿Qué clase de pájaros?

Cuervos o gaviotas, no estoy seguro.

Gaviotas.

Entonces debemos estar cerca del mar.

Usted mismo eligió este emplazamiento. A pesar de todo lo que está pasando, hay que reconocer que es un sitio precioso. Es de agradecer que nos haya reunido a todos aquí.

Entonces, ¿por qué no me dejan ver el paisaje? Ni siquiera puedo abrir la puñetera ventana.

Es una medida preventiva. Usted quería estar en el último piso, pero no podemos correr riesgos, ¿no le parece?

No voy a suicidarme, si es que se refiere a eso.

Lo sé. Pero no todos son de la misma opinión.

Otro de sus arreglos, ¿eh?

A guisa de respuesta, Quinn se encoge de hombros, baja la cabeza y consulta su reloj.

Nos queda poco tiempo, anuncia. He traído el sumario de una causa y creo que deberíamos echarle un vistazo. A menos que esté muy cansado, por supuesto. Si lo prefiere, puedo volver mañana.

No, no, contesta Míster Blank, agitando el brazo con desagrado. Vamos a quitárnoslo de encima ahora mismo.

Quinn abre la primera carpeta y saca cuatro fotografías de veinticinco por veinte. Desplazándose hacia delante en el sillón, se las tiende a Míster Blank, diciendo: Benjamin Sachs. ¿Le suena de algo ese nombre?

Me parece que sí, contesta el anciano, pero no estoy seguro.

Ese es de los malos. Uno de los peores, en realidad, pero si somos capaces de presentar una defensa sólida contra esta acusación, estaremos en condiciones de sentar un precedente para las demás. ¿Entiende, Míster Blank?

El anciano asiente en silencio con la cabeza, empezando ya a mirar las fotografías. La primera muestra a un hombre alto y desgarbado, de unos cuarenta años, sentado en la barandilla de una escalera de incendios de lo que parece un edificio de Brooklyn, en Nueva York, mirando fijamente a la noche que se abre ante él; pero ahora Míster Blank pasa a la segunda foto, y de pronto ese mismo hombre ha perdido el equilibrio sobre la baranda y cae a través de la oscuridad, una silueta de piernas y brazos abiertos en el vacío, precipitándose hacia el suelo. Eso ya resulta bastante inquietante, pero al llegar a la tercera fotografía, Míster Blank siente un escalofrío en su memoria. El hombre alto está en un camino de tierra, en el campo, y esgrime un bate metálico de sóftbol contra un individuo con barba que se encuentra frente a él. La imagen está tomada en el preciso instante en que el bate entra en contacto con la cabeza del barbudo, y por la expresión de su rostro está claro que se trata de un golpe mortal, que en cuestión de segundos caerá al suelo con el cráneo aplastado mientras la sangre que le mana de la herida se ensancha en un charco en torno a su cadáver.

Míster Blank se hunde los dedos en la cara, estrujándose las mejillas. Ahora respira con dificultad, porque ya sabe cuál va a ser el asunto de la cuarta fotografía, aun cuando es incapaz de recordar cómo ni por qué lo sabe, y como ve venir la explosión de la bomba casera que destrozará al hombre alto lanzando a los cuatro vientos su cuerpo mutilado, no tiene fuerzas para mirarla. En cambio, deja que las cuatro fotografías se le caigan al suelo, y entonces, llevándose las manos al rostro, se tapa los ojos y rompe a llorar.

Quinn se ha ido ya, y una vez más Míster Blank se encuentra solo en la habitación, sentado al escritorio con el bolígrafo en la mano derecha. Hace veinte minutos que concluyó el acceso de llanto, y al abrir el cuaderno y pasar a la segunda hoja, dice para sus adentros: Solo hacía mi trabajo. Aunque las cosas hubieran salido mal, el informe tendría que haberse escrito de todas formas, y no se me puede reprochar que diga la verdad, ¿no es así? Entonces, poniendo gran empeño en la tarea, añade tres nombres a la lista:

John Trause
Sophie
Daniel Quinn
Marco Fogg
Benjamin Sachs

Míster Blank deja el bolígrafo, cierra el cuaderno y pone ambas cosas a un lado. Se da cuenta ahora de que esperaba la visita de Fogg, el de los chistes, pero aunque no hay relojes en la habitación y él no lleva ninguno en la muñeca, con lo que no tiene idea de la hora, ni siquiera aproximada, es consciente de que ha pasado el rato del té y de la conversación superficial. Quizá, sin tardar mucho, Anna vuelva para servirle la cena, y si por casualidad no es ella quien viene, sino otra mujer o un hombre encargados de sustituirla, entonces empezará a portarse mal, se pondrá a protestar, a gritar y despotricar, y acabará armando un escándalo de mil demonios.

A falta de algo mejor que hacer por el momento, Míster Blank decide proseguir sus lecturas. Justo debajo del relato de Trause sobre Sigmund Graf y la Confederación hay un manuscrito más largo, de unas ciento cuarenta páginas, que, a diferencia de la obra anterior, anuncia en la primera hoja el título de la obra y el nombre del autor:

Viajes por el Scriptorium
N. R. Fanshawe

Ajá, dice Míster Blank en alta voz. Eso está mejor. A ver si por fin estamos llegando a alguna parte, después de todo.

Luego pasa a la primera página y empieza a leer:

El anciano está sentado al borde de la estrecha cama, las manos apoyadas en las rodillas, la cabeza gacha, mirando al suelo. No sabe que hay una cámara instalada en el techo, justo encima de él. El obturador se acciona silenciosamente cada segundo, realizando ochenta y seis mil cuatrocientas instantáneas con cada rotación de la Tierra. Aunque supiera que lo están vigilando, le daría lo mismo. Está como ausente, perdido entre los fantasmas que pueblan su imaginación mientras busca una respuesta a la pregunta que lo atormenta.

¿Quién es? ¿Qué está haciendo ahí? ¿Cuándo ha llegado y cuánto tiempo se quedará aún? Con suerte, el tiempo nos lo dirá todo. De momento, nuestro único cometido consiste en estudiar las fotos con el mayor detenimiento posible y abstenernos de extraer cualquier conclusión prematura.

En la habitación hay una serie de objetos, y cada uno de ellos lleva pegado un trozo de cinta blanca, con una sola palabra escrita en mayúsculas. En la mesilla de noche, por ejemplo, la palabra es MESILLA. En la lámpara, la etiqueta dice LÁMPARA. Incluso en la pared, que estrictamente hablando no es un objeto, hay un trozo de cinta adhesiva donde se lee PARED. El anciano levanta un momento la vista, mira la pared, ve la etiqueta pegada en ella y, con voz queda, pronuncia la palabra *pared*. Lo que en este momento no podemos saber es si está leyendo la palabra escrita en la tira blanca o si solo se refiere a la pared propiamente dicha. Puede que se le haya olvidado leer pero sepa reconocer las cosas y llamarlas por su nombre o, a la inversa, que haya perdido la capacidad de distinguirlas pero que aún sepa leer.

Lleva un pijama azul con rayas amarillas y calza unas chancletas de cuero negras. No tiene muy claro dónde se encuentra exactamente. En la habitación, sí, pero ¿en qué edificio está? ¿Es una casa? ¿El hospital? ¿La cárcel? No recuerda cuánto tiempo lleva ahí ni la naturaleza de las circunstancias que precipitaron su traslado a ese sitio. Quizá nunca se ha movido del cuarto; a lo mejor es ahí donde ha vivido desde que nació. Lo que sí sabe es que está consumido por un implacable complejo de culpa. Y al mismo tiempo no puede evitar la sensación de ser víctima de una tremenda injusticia.

En la habitación hay una ventana, pero tiene la persiana bajada, y que él recuerde, nunca se ha asomado a ella. Lo mismo puede decir de la puerta con su blanco picaporte de porcelana. ¿Está encerrado, o es libre de entrar y salir cuando le plazca? Aún debe investigar esa cuestión; porque, según hemos visto en el primer párrafo, está como ausente, perdido en el pasado y vagando sin rumbo entre los fantasmas que desfilan por su cabeza, luchando por contestar la pregunta que lo atormenta.

Las fotografías no mienten, pero tampoco lo cuentan todo. Son simplemente un testimonio del paso del tiempo, la prueba visible. La edad del personaje, por ejemplo, es difícil de determinar a partir de las imágenes en blanco y negro, un tanto desenfocadas. El único dato que puede establecerse con cierta seguridad es que no es joven, pero la palabra *viejo* es un término aleatorio y puede aplicarse a cualquiera que esté entre los sesenta y los cien años. Prescindiremos, por tanto, del calificativo *viejo* y en lo sucesivo llamaremos Míster Blank a la persona que está en la habitación. De momento no será necesario su nombre de pila.

Míster Blank se levanta por fin de la cama, se detiene brevemente para no perder el equilibrio y, arrastrando los pies, se dirige hacia el escritorio, al otro extremo de la habitación. Se siente cansado, como si acabara de despertarse después de una noche de dormir poco y mal, y mientras las suelas de sus chancletas se deslizan por el entarimado, le viene a la cabeza como un rumor de papel de lija. A lo lejos, fuera de la habitación, más allá del edificio en que se encuentra el cuarto, oye el tenue grito de un pájaro: un cuervo, o tal vez una gaviota, no sabría decirlo...

Al llegar a ese punto, Míster Blank no soporta seguir leyendo el texto, que no le hace ni pizca de gracia. En un estallido de rabia y frustración acumuladas, arroja el manuscrito por encima de su hombro con un violento giro de la muñeca, sin molestarse siquiera en darse la vuelta para ver dónde aterriza. Mientras las hojas revolotean por el aire y luego caen al suelo detrás de él, da un puñetazo en el escritorio y dice en alta voz: ¿Cuándo acabará este disparate?

No acabará nunca. Porque Míster Blank ya es uno de los nuestros, y por mucho que se esfuerce en comprender su situación, siempre estará perdido. Creo hablar en nombre de todos sus agentes cuando digo que tiene lo que se merece: ni más ni menos. Y no hablo de castigo, sino de un acto de suprema justicia y compasión. Sin Míster Blank no somos nada, pero la paradoja es que nosotros, seres puramente imaginarios, sobreviviremos a la mente que nos creó, porque una vez arrojados al mundo existiremos hasta el fin de los tiempos, y nuestras historias seguirán contándose incluso después de que hayamos muerto.

Puede que a lo largo de los años Míster Blank se haya comportado de modo cruel con algunos de los agentes a su cargo, pero ninguno de nosotros cree que no haya hecho todo lo que estaba en su mano para proteger nuestros intereses. Por eso pienso mantenerlo donde está. Ahora la habitación es su mundo, y cuanto más tiempo dure el tratamiento, más dispuesto estará a aceptar la generosidad de todo cuanto se ha hecho por él. Míster Blank es viejo y le fallan las fuerzas, pero mientras permanezca en la habitación con la puerta cerrada y los postigos cerrados en la ventana, jamás morirá, no desaparecerá, nunca será otra cosa que las palabras que estoy escribiendo en su página.

Dentro de poco, una mujer entrará en la habitación y le dará la cena. Aún no he decidido quién será esa mujer, pero si no pasa nada y todo va bien hasta entonces, enviaré a Anna. Eso hará feliz a Míster Blank, y a decir verdad, puede que ya haya sufrido bastante por un día. Anna dará de cenar a Míster Blank, luego lo lavará y lo acostará. Míster Blank permanecerá despierto en la oscuridad un rato, escuchando los gritos de los pájaros en la lejanía, pero luego acabará sintiendo cierta pesadez en los ojos y cerrará los párpados. Se quedará dormido, y cuando despierte por la mañana, el tratamiento empezará de nuevo. Pero por ahora sigue siendo el día que siempre ha sido desde la primera palabra del presente informe, y ha llegado el momento en que Anna bese en la mejilla a Míster Blank y lo arrope bien en la cama, y en este preciso instante ella se incorpora y empieza a andar hacia la puerta. Que duerma bien, Míster Blank.

¡Fuera luces!